U0257893

李世明 单永新 李斌 著

吉林省满族传统建筑遗产
数字化保护研究

RESEARCH ON DIGITAL PROTECTION
OF MANCHU TRADITIONAL ARCHITECTURAL HERITAGE
IN JILIN PROVINCE

社会科学文献出版社
SOCIAL SCIENCES ACADEMIC PRESS (CHINA)

前　言

　　对建筑遗产展开数字化保护，是指利用信息技术手段，对建筑遗产进行数字信息采集处理和数字展示与传播。国外从20世纪90年代开始进行建筑遗产的数字化保护研究与实践，我国也差不多在同一时间引入了数字化保护的概念，发展至今，这种保护方式业已成为民族建筑文化遗产保护的主导趋势。但一直到本书中课题立项之时，对于吉林省满族传统建筑遗产数字化保护的研究和实践还属于空白，并没有针对性的研究出现，更没有数字化保护的应用实例。一方面，从客观上来讲，这是由于在当时数字化保护的理论、规范标准和技术还不甚成熟，所应用到的软件对相关人员的专业知识和技能要求较高，使用不够便捷，数字测绘和展示设备价格也比较高昂，客观上制约了吉林省满族传统建筑遗产数字化保护的开展；另一方面，从主观上来讲，彼时人们对于文化遗产数字化保护的概念和价值的认知还不够。

　　值得欣喜的是，近年来，随着社会的进步、科学技术的发展、建筑遗产保护意识的不断增强，特别是经济社会发展水平的跨越提升和人们生活需求的变化，旅游业作为国民经济战略性支柱产业的地位更加巩固，文化旅游的内涵不断被挖掘，因此各地政府主导的对区域内文化与旅游资源的开发开始与数字化技术深度结合。智慧旅游、虚拟旅游等新形态的出现，使得越来越多的研究者和遗产保护、旅游、设计等行业的从业者认识到遗产数字化保护的多元价值和积极意义，纷纷投入吉林省文化遗产数字化保护领域，在挖掘吉林省满族传统建筑资源和内涵、探讨数字化保护技术方面取得了一些可喜成果。

其中，李雷立和魏旭廷发表的《基于 3D 激光扫描技术下的传统村落影像资料处理——以锦江木屋村为例》一文，介绍了利用 3D 激光扫描技术获得可供编辑的锦江木屋村村落与建筑 3D 影像资料和尺寸数据，进而绘制出精确的图纸，达到对锦江木屋村村落进行数字化保护的目的。[①] 魏旭廷的硕士学位论文《基于 3D 激光扫描技术的吉林省传统村落保护研究》也以此为基点，着重探讨了 3D 激光扫描技术在传统村落的保护领域所涉及的技术支持问题，包括 3D 影像扫描过程、3D 影像数据获取与转化方式等。其转化完成后的影像数据用于建筑矢量化建模开发，并最终用于建立数据库系统，为传统村落数字化保护提供了具体做法参考。[②] 同样是吉林建筑大学的硕士学位论文，杜雨芙的《集成 BIM_3D 扫描技术在传统木建筑保护中的应用研究》也以吉林省锦江木屋村为研究对象，对传统建筑三维模型的全过程建模方法进行了研究，探讨了集成 BIM_3D 扫描技术在传统木建筑保护中的常见应用。[③] 2022 年，李雷立和周文华共同发表了《基于激光点云数据的锦江木屋村数字化构建》，利用 BIM 技术对锦江木屋村 8 号木屋进行复原，以数字化技术实现对传统村落建筑资源科学、高精度和永久性的保护。[④]

在吉林省满族传统建筑遗产数字化展示和传播建设方面，对吉林文庙大成殿进行无人机近景摄影而形成的三维模型作品，在 2021 年由大疆行业应用、武汉大学遥感信息工程学院、字节跳动公益、中国国家地理频道共同主办，中国文化遗产研究院、自然资源部经济管理科学研究所、天津大学建筑学院、中国测绘学会无人机创新工委会、中国测绘学会文化遗产保护委员会、武汉大学长江文明考古研究院、中共平遥县委宣传部、中科图

---

① 李雷立、魏旭廷：《基于 3D 激光扫描技术下的传统村落影像资料处理——以锦江木屋村为例》，《安徽建筑》2021 年第 2 期。

② 魏旭廷：《基于 3D 激光扫描技术的吉林省传统村落保护研究》，硕士学位论文，吉林建筑大学，2021。

③ 杜雨芙：《集成 BIM_3D 扫描技术在传统木建筑保护中的应用研究》，硕士学位论文，吉林建筑大学，2021。

④ 李雷立、周文华：《基于激光点云数据的锦江木屋村数字化构建》，《河南建材》2022 年第 2 期。

新、中国经济网 VR 频道联合举办的"2021 年文化遗产数字化无人机贴近摄影测量大赛"中获得三等奖。基于全景技术、VR 技术和互联网技术的吉林省满族传统建筑遗产街景游览，可以让人们足不出户领略吉林省建筑文化遗产的风采。

但这些研究和实践仍存在一定的局限性。首先，当下的研究主要集中在技术层面，研究者主要从旅游开发和遗产保护的角度出发，集中探讨数字化保护的技术方法和实际应用情况，并未展开对满族传统建筑遗产相关历史、文化、艺术信息的深入探究，在一定程度上制约了吉林省满族传统建筑遗产数据获取的全面性和准确性，不利于研究和保护活动的后续开展；其次，这些研究和实践对满族传统建筑遗产数据的获取和展示主要是以某个单体建筑物或村落为对象展开的，并未开展以大量满族传统建筑数据信息为基础的信息分析，缺乏对共性问题的整体把握，因此其测绘数据难以具备代表性，制约了这些数据在吉林省满族传统建筑遗产展示、复原性保护以及创新性设计上的应用；最后，在现阶段，对数字化保护中的测绘技术、处理技术和展示技术的研究均孤立地展开，并未形成关于吉林省满族建筑遗产数字化保护的完整知识体系和技术框架，也没有在实证研究中提出数字化保护的整体原则、基本要求和建设策略。正是囿于此，吉林省的满族传统建筑遗产数字化保护领域仍需要更加深入、更为全面的研究。

吉林省是满族的古老发源地，自先秦时代就有满族的先民繁衍生息于斯。满族人民植根于白山黑水间的东北沃土，创造出本民族独特的建筑体系，其中既凝聚了满族人民面对吉林地区特殊的自然环境做出能动选择和营造的智慧，也整合了传统习俗、生产生活方式、价值观念、宗教信仰等多重人文元素，呈现强烈的民族和地域色彩，积淀厚重、内涵深刻，是满族文化的重要载体和传统建筑艺术的瑰宝，也是中华文化的重要组成部分。

吉林省满族传统建筑遗产保护当前所面临的最紧迫的任务，并非维护、重修等工程性的保护工作，而是对建筑遗产信息进行全面的数字化记录和转化的工作。记录的内容既包括建筑本体及其构件、构筑物、内外檐装修等的准确数据信息，也包括建筑遗产所承载的历史信息、文化信息、艺术信息。上述工作，一方面可以抢救性地记录吉林省满族传统建筑遗产的全面信息，实现信息的数字化保护，为持续推进建筑遗产保护，开展对吉林省满族传统建筑价值、流变的深入研究，以及进行数字化传播和再利用研究夯实基础；另一方面可以实现将吉林省满族传统建筑遗产资源由物质资源向数字资源的转化，使其成为数字时代可不断增值、永续发掘、转化利用的信息资源。同时，只有在充分了解吉林省满族传统建筑遗产数字信息的基础上，对其开展保护和利用，才有可能做到对建筑遗产本体的干预最小化，对其各项价值进行最大化的展现和利用。

因此，本书在技术与建筑学、文化学、设计学、传播学的交叉点，审视和展望吉林省满族传统建筑遗产的保护新态势，提出贯穿数字采集、数字处理、数字存储、数字展示、数字传播全过程的较为完整的数字化保护知识体系和技术框架，提供吉林省满族传统建筑遗产数字化保护、利用的实践经验和创新思路，形成具有一定示范意义的创新成果，有效保护和传播吉林省满族传统建筑文化，为把吉林建设成为文化名省、旅游强省和著名生态旅游目的地贡献力量，推动吉林省乃至全国文化遗产数字化保护与利用进程。

2022 年 9 月 10 日

目　录

绪　论

一　研究背景与缘起

建筑是凝固的历史。拥有悠久历史的中华民族在漫长的发展岁月中，创造了底蕴深厚、类型丰富、风格独特且凝聚着隽永智慧的建筑遗产。这些建筑遗产反映了中华民族独有的精神世界、思维方式和审美观念，体现了中华民族优秀文化旺盛的生命力和中华民族不竭的创造力。

吉林省是满族的主要发源地之一，先秦时代已有满族先民繁衍生息于此。满族人民植根于吉林沃土创造出本民族独特的建筑体系，这些建筑涂抹着吉林地区鲜明的文化底色，积淀厚重、内容丰富、形式独特，是满族社会发展的历史印记，也是中华文化的重要组成部分。

吉林省的满族传统建筑遗产凝聚了满族人民面对东北地区特殊的自然环境做出能动选择和营造的智慧，也整合了传统习俗、生产生活方式、价值观念、宗教信仰等多重人文元素，呈现强烈的民族和地域色彩，积淀厚重、内涵深刻，是满族文化的重要载体，也是中国传统建筑艺术的瑰宝，具有极高的历史、文化和艺术价值。

然而近年来，吉林省满族传统建筑正面临快速消失的命运。一方面，由于城市化进程的加快，满族传统建筑的存在空间被不断挤压，逐渐湮没于钢筋水泥之中；另一方面，满族传统建筑采用砖木房屋结构，极易受到东北地区环境气候的影响，坍塌和火灾加快了其消亡的速度。如今，城镇中已难觅鳞次栉比的"鱼鳞房顶"，乡村中曾经炊烟袅袅的"呼兰"也难得一见，不能不说是一种遗憾。在这种情况下，尽快开展对现存满族传统建筑遗产原貌的数字化保护是十分必要的。

建筑遗产的数字化保护是指利用数字测绘技术、计算机图形学、数据库技术和虚拟信息技术等手段，对建筑遗产进行数字信息采集、处理、存储、输出和展示与传播。这种保护方式业已成为民族建筑文化遗产保护的主导趋势。

国外从 20 世纪 90 年代开始进行建筑遗产的数字化保护研究与实践。1992 年，联合国教科文组织发起了"世界记忆项目"，在世界范围内、不同水准上，推动文化遗产的数字化保护。随后，各种信息技术开始介入文化遗产保护领域，各国也纷纷制定了相关政策。比较有代表性的是美国弗吉尼亚大学的"罗马再生项目"和日本 Cadcenie 公司的犬山城项目。此外，法国、土耳其等国家还对巴黎圣母院、卢浮宫、伊斯坦布尔和圣彼得大教堂等建筑遗产进行了数字化保护。

我国从 20 世纪 90 年代开始进行建筑遗产数字化保护的相关研究和实践。2000 年，敦煌与美国梅隆基金会决定共同建立"数字化虚拟洞窟"，解决敦煌壁画的色彩虚拟复原、敦煌风格图案创作等问题，并且利用数字技术和虚拟漫游技术"再造"了莫高窟。2003 年，我国第一部基于虚拟现实技术的大型计算机作品——《紫禁城·天子的宫殿》制作完成。数字故宫项目是通过高性能的图形工作站，先用计算机构建出故宫三维模型，再用数字相机采集故宫实物景观，并将它们"粘贴"在三维模型上进行合成，进而产生逼真的三维仿真场景，再现了太和殿的雄姿。

随后，关于数字化技术在地区与民族传统建筑遗产保护中的应用的研究逐渐兴起。如李铁的《赫哲、鄂伦春、鄂温克、达斡尔族濒危建筑文化的数字化保护研究》[1]，孙瑾的《庐山文化景观遗产数字化保护研究》[2]，千绍彬的《中岳汉三阙数字化保护与展示研究》[3]，罗平、向杰的《云南民

---

① 李铁：《赫哲、鄂伦春、鄂温克、达斡尔族濒危建筑文化的数字化保护研究》，硕士学位论文，齐齐哈尔大学，2013。

② 孙瑾：《庐山文化景观遗产数字化保护研究》，硕士学位论文，江西师范大学，2015。

③ 千绍彬：《中岳汉三阙数字化保护与展示研究》，硕士学位论文，郑州大学，2015。

居建筑文化的数字化保护研究》① 等。与此同时，关于数字化保护技术的研究也十分丰富。如尚涛等编著的《古代建筑保护数字化技术》介绍了从近景摄影测量、激光扫描到三维模型制作的技术方法②。

与之相比，吉林省满族传统建筑遗产数字化保护方面的研究较为不足。目前，有关吉林省满族传统建筑遗产的研究主要集中在建筑文化、历史和艺术价值方面。虽然也有少数论著对建筑遗产的保护提出了设想，如张慧的《吉林市乌拉街镇历史文化保（护）规划研究》③、申文勇的《浅析乌拉街满族历史建筑的保护》④ 等，但仍囿于传统的保护模式，缺乏数字化保护理念的引入和进一步研究。

建筑遗产的数字化保护是民族建筑保护事业中的一种新方法、新途径，也符合数字信息时代对文化资源保护、研究、传播与利用的实际需要。因此，本书研究吉林省满族传统建筑遗产的数字化保护相关问题，具有重要意义。第一，可以通过建筑遗产数字化信息的采集与数据库的建立，为满族传统建筑的相关研究以及建筑实体修缮复原提供准确、科学的数据支持；第二，为吉林省传统建筑遗产保护引入一种新方法；第三，有助于保护民间文化遗产，维护地方文化的多样性，培育保护民间风物风俗的良好氛围，保存满族人民的精神家园，也是建立民族间情感联结、增进民族团结和维护国家统一及社会稳定的重要文化基础；第四，在建筑遗产展示中运用数字化信息技术能够拓展空间浏览模式，打破时间和空间的局限，更广泛地传播吉林省满族传统建筑艺术，让更多的人认识和了解吉林省的满族文化遗产，起到进一步开发地方旅游资源、助力地区经济发展的作用。

---

① 罗平、向杰：《云南民居建筑文化的数字化保护研究》，云南大学出版社，2015。
② 尚涛等编著《古代建筑保护数字化技术》，湖北科学技术出版社，2009。
③ 张慧：《吉林市乌拉街镇历史文化保（护）规划研究》，硕士学位论文，东北师范大学，2009。
④ 申文勇：《浅析乌拉街满族历史建筑的保护》，《吉林化工学院学报》2016 年第 8 期。

二 研究对象、研究内容和研究目标

(一) 研究对象

1. 吉林省满族传统建筑遗产

从地理划分上看，吉林省满族传统建筑遗产研究是以吉林省范围内的满族传统建筑遗产为对象展开的。

吉林省位于我国东北地区中部，北接黑龙江省，南邻辽宁省，西接内蒙古自治区，东与俄罗斯接壤，东南部与朝鲜隔江相望，地跨东经 121°38′~131°19′、北纬 40°50′~46°19′，东西长 769.62 千米，南北宽 606.57 千米，土地面积 18.74 万平方千米。早在远古时期，吉林这片土地上就已经有人类生存的痕迹。及至舜、禹时代，吉林省境内的古代民族就开始与中原地区建立联系，并逐渐成为中华民族的重要组成部分。《竹书纪年·五帝篇》载，帝舜二十五年 (前 2231) "息慎氏来朝"；而据东汉学者郑玄的注疏，前文中的 "息慎" 就是东北夷中的肃慎，是 "虞、夏以来东北大国也"。《山海经·大荒北经》中出现 "大荒之中，有山名曰不咸，有肃慎之国" 的记载。司马迁在其《史记·五帝本纪》中也称，"山戎、发、息慎……四海之内咸戴帝舜之功"，即认定 "息慎 (肃慎)" 人曾与 "四海之内" 的诸多部落一起表示了对帝舜的拥戴。《史记·孔子世家》又载："有隼集于陈廷而死，楛矢贯之，石砮，矢长尺有咫。陈湣公使使问仲尼。仲尼曰：'隼来远矣，此肃慎之矢也。昔武王克商，通道九夷百蛮，使各以其方贿来贡，使无忘职业。于是肃慎贡楛矢石砮，长尺有咫。先王欲昭其令德，以肃慎矢分大姬，配虞胡公而封诸陈。分同姓以珍玉，展亲；分异姓以远方职，使无忘服。故分陈以肃慎矢。'试求之故府，果得之。"[1] 传说肃慎在舜景王时期大夫詹桓伯列举周朝疆土四至时称，"肃慎、燕、亳，吾北土也"，说明春秋以前其地已纳入周朝的势力范围。[2] "肃慎" (息慎) 即为满民族的先民。

---

[1] 魏国忠主编《肃慎——女真族系研究》，黑龙江人民出版社，2017，第 1~2 页。
[2] 高文德主编《中国少数民族史大辞典》，吉林教育出版社，1995，第 1574 页。

作为满民族主要发源地之一和清朝"龙兴之地"，吉林省留下了较为丰富、特征明显的满族传统建筑遗产，尤以吉林市乌拉街地区为胜。吉林市龙潭区乌拉街满族镇（简称乌拉街镇）是清打牲乌拉总管衙门所在地，皇太极曾特旨称其为"发祥之圣地"，是当时吉林经济、政治、军事和文化的核心区，"打牲乌拉总管衙门在清代是仅次于当时盛京故宫而独具满族风格的东北民族文化的宝库"。① 作为曾经的东北第一雄镇，乌拉街为后人留下了丰富的建筑文化遗产，其中国家重点文物保护单位——乌拉街清代建筑群，即清真寺、"萨府"、"后府"和"魁府"，建筑民族特征明显，细节极富艺术性，突出地代表了满族传统建筑遗产，具有极高的文化、历史和审美价值，是东北地区的传统建筑之粹，也是满族人民的精神家园，为开展吉林省满族建筑遗产数字化保护理论和实证研究提供了保存较为完整的具体研究对象。

建筑遗产是指具有一定历史、科学和艺术价值，能够反映城市历史风貌和地方特色的建（构）筑物。一般来说，建筑遗产是指文物保护单位，即法定建筑遗产，并分为国家级、省级、市县级三个级别。

《中华人民共和国文物保护法》第十三条规定：

国务院文物行政部门在省级、市、县级文物保护单位中，选择具有重大历史、艺术、科学价值的确定为全国重点文物保护单位，或者直接确定为全国重点文物保护单位，报国务院核定公布。

省级文物保护单位，由省、自治区、直辖市人民政府核定公布，并报国务院备案。

市级和县级文物保护单位，分别由设区的市、自治州和县级人民政府核定公布，并报省、自治区、直辖市人民政府备案。

尚未核定公布为文物保护单位的不可移动文物，由县级人民政府文物行政部门予以登记并公布。

---

① 赵勤、吴广孝编著《乌拉古镇》，吉林出版集团有限责任公司，2011，第4页。

鉴于本书的重点在于对吉林省满族传统建筑遗产的数字化保护理论体系和具体方法、途径进行研究，而非在文物保护领域对古建筑展开挖掘和抢修性保护，因此本书的研究对象主要为吉林省文物保护单位中的满族古建筑。

但本书的研究对象仍然涉及吉林省内部分一般性满族传统建筑，主要为分散于城镇和乡村中的民居建筑。这些建筑虽不能达到文物保护级别，但同样是满族传统建筑遗产的重要组成部分。一方面，这些散落在城镇、乡村中，普通甚至破败的古建筑，由于缺乏保护性支持，因此更完整地保存了满民族传统的建筑形态特征和营造手法，能更好地展示出满族传统民居建筑的历史变迁印记，为我们研究满族传统建筑的地方做法、形态演变和现代发展提供了例证。另一方面，本书将这些古建筑作为研究对象，不仅可以进一步挖掘、整理吉林省满族传统建筑遗产，开展预见性保护，还可以通过适当的功能提升与设计改造对这些一般性建筑进行再利用，在文化和旅游视野下，创造出更大的经济价值、社会价值、文化价值和环境价值，使其成为地区文脉延续与文化多样性保护的重要支点。更重要的是，由于吉林省满族传统建筑文物保护单位样本数量不足，且从整体保存类型来看主要为民居制式，因此这些一般性民居建筑在研究中可以为吉林省满族传统建筑遗产的参数确定、结构分析、样本均值采集、数据推断的准确性、模数研究等提供对标数据。同时，在建筑遗产现状、退化机理、保护和利用途径等方面的研究中，这些一般性建筑与文物保护单位也有需要解决的共性科学问题。

但需要强调的是，这些一般性建筑遗产仅作为理论研究的佐证，在进行具体的数字化保护实证研究和建设时，仍以吉林省满族传统建筑文物保护单位为对象。

从建筑特征上来看，本书强调的研究对象是满族"传统"建筑遗产，即具备满民族传统建筑典型特征、典型元素的建筑遗产。

在典型特征分析中，笔者引入"建筑类型学"中的"原型"概念，来帮助界定本书的研究对象。

　　"建筑类型学"是由意大利建筑大师阿尔多·罗西于 1966 年提出的建筑研究理论，对同类研究产生了深远的影响。建筑类型学的发展经历了三个阶段，分别是"原型类型学"、"范型类型学"和"第三种类型学"，形成了从历史中寻找"原型"的新理性主义的建筑类型学和从地区中寻找"原型"的新地域主义的建筑类型学。这两种理论都认为建筑设计要追根溯源，风格形式、材料技术、地理条件、历史环境、民风民俗、生活方式等都可能成为建筑"原型"，再将这些原型抽象、提取、转化、演绎，应用到新的建筑空间，最终就能实现文化传统的真实延续。

　　满族是我国最古老的少数民族之一，先秦时就已活动于白山黑水之间，称"肃慎"，汉代称为"挹娄"，三国、魏晋时称"勿吉"，隋唐时称"靺鞨"，辽代称"女真"，1635 年改族名为"满洲族"。

　　早期的挹娄人"处于山林之间，土气极寒，常以穴居，以深为贵，大家至接九梯"（《后汉书·挹娄传》），"夏则巢居，冬则穴处"（《晋书·肃慎化传》）。勿吉人"其地下湿，筑城穴居，屋形似冢，开口于上，以梯出入"（《魏书·勿吉传》）。女真人早期无室庐，"负山水坎地，梁木其上，覆以土，夏则出随水草以居，冬则入处其中，迁徙不常"《金史·世纪本纪》。及至宋辽时期，女真进入"地上居"时期，出现了院落，"联木为栅，屋高数尺，无瓦，覆以木板，或以桦皮，或以草绸缪之。墙垣篱壁，率皆以木"，"环屋为土床，炽火其下，相与寝食起居其上，谓之炕，以取其暖"。①

　　后期的女真时期以至发展到满族时期的建筑，又在此基础之上，形制、技术、材料等方面逐渐成熟，并规范化而形成了更为鲜明的"类型化"满族传统建筑特色。这种以"口袋房、万字炕、烟囱仡在地面上"为典型特征的满族传统建筑类型，为我们识别和确定研究对象提供了典型元素指标（见表 0-1、图 0-1）。

---

　　①　徐梦华：《三朝北盟会编》卷 3，台湾：大化书局，1979，第 22 页。

表0-1   满族传统建筑遗产典型元素指标

序号	典型元素	指标
1	烟囱	跨海烟囱
2	屋顶	硬山、仰瓦
3	屋身比	≈1:1
4	内部布局	万字炕
5	内檐装饰	祖宗板等

资料来源：笔者自制。

图0-1   吉林省满族传统民居建筑

资料来源：笔者拍摄。

有清一代，满民族和其他民族，特别是汉民族互动密切。因此，吉林省内现存的清代建筑遗产中保留了为数不少的汉民族形态传统建筑。尤其是洋务运动后，很多西洋化的建筑风格和类型被应用于吉林地区的满族建筑中。这两类建筑虽然也可以满足满民族人民的生活、生产、公务活动等需求，但如果不具备上述满族传统建筑的典型特征，也不在本书研究范围内。

因此，本书中的吉林省满族传统建筑遗产，指的是吉林省范围内，在满民族历史发展中最终成型的，具有代表性民族特色的、内涵丰富的建筑文物遗产。它们为满民族所建造，其使用功能主要是满足满民族人民的生活、生产和公务活动的需要。

2. 吉林省满族传统建筑遗产的数字化保护

"数字化保护"是指，将客观世界中的事物转换成一系列计算机可识别的二进制代码，形成数字对象，再通过数字技术、网络技术对其进行加工、存储、处理、表达、展示和传播的过程。

以数字化方式展开对文化遗产的保护、展示、传播与多元化再利用业已成为世界范围内公认的趋势，同样也是我国文化遗产保护研究的热点。2016 年，国家文物局等五部门根据国务院印发的《关于进一步加强文物工作的指导意见》和《关于积极推进"互联网＋"行动的指导意见》编制了《"互联网＋中华文明"三年行动计划》，提出把互联网的创新成果与中华传统文化的传承、创新与发展深度融合，推动文物信息资源开放共享，加强文物数字化展示利用。

对吉林省满族传统建筑遗产展开数字化保护是指利用数字测绘技术、计算机图形学、虚拟现实技术、数据库技术等手段，对吉林省范围内的满族传统建筑遗产进行数字信息采集、储存、处理、展示和传播，将这些建筑遗产"转化、再现、复原成可共享、可再生的数字形态，以新的视角加以解读，以新的方式加以保存，以新的需求加以利用"。[①]

（二）研究内容

1. 吉林省满族传统建筑遗产

在研究对象的范畴内，对吉林省满族传统建筑遗产的基本信息、分布、建筑类型与形制、保存现状和建筑特点进行梳理和总结。继而在建筑类型学、艺术学、文化学的领域内，探讨吉林省满族传统建筑的典型特征，以民居建筑、礼制建筑、寺庙建筑为研究对象，分别展开对建筑梁架结构、屋顶形态、围合、附属建筑、布局、细部、构件等独特性的分析，探讨地区间建筑遗产的差别，并从整体上和地域上分别探究吉林省满族传

---

① 王耀希主编《民族文化遗产数字化》，人民出版社，2009。

统建筑遗产典型特征产生的文化因素、自然因素和生产方式因素等，为深入理解吉林省满族传统建筑遗产的艺术价值和形态特征提供理论依据，以便提高数字化建模和展示的准确性与科学性，达到全面、真实开展数字化保护的目的。

2. 吉林省满族传统建筑遗产数字化保护的技术分析

在文献收集、整理、阅读、分析的基础上，对应用于满族传统建筑遗产的数字化保护技术手段进行研究，确定适用于吉林省满族传统建筑遗产数字化保护的信息化测绘技术、数据处理技术、数字化展示技术，并对建筑遗产数字化保护优势进行分析，为接下来开展吉林省满族传统建筑遗产数字化保护建设实践提供理论支撑。

3. 吉林省满族传统建筑遗产数字化保护建设

通过"吉林省满族传统建筑遗产数据检索系统 V1.0"、"吉林省满族传统建筑遗产虚拟漫游"仿真实验等实例的建设，开展吉林省满族传统建筑遗产数字化保护建设实证研究，包括探讨具体应用的方法手段、建设过程中的技术难点与攻关重点，并最终形成可向公众展示的吉林省满族传统建筑遗产数字化作品。

通过"乌拉街满族生态博物馆"的规划和设计构想，创新性地将吉林省满族传统建筑遗产和满族非物质文化遗产的保护在数字化领域内进行结合，探索全面保护满族文化遗产的路径。

最后，对吉林省满族传统建筑遗产数字化保护的整体原则、基本要求和建设策略进行梳理和总结，并指出存在的问题，进而提出解决建议，形成综合性的、学科交叉的、创新的建筑遗产数字化保护理论与实践，为吉林省乃至全国文化遗产数字化保护、利用提供经验借鉴和创新思路。

（1）"吉林省满族传统建筑遗产数据检索系统 V1.0"建设

基于前期数字化测绘获取的吉林省满族传统建筑遗产数字信息数据和建筑特征分析，运用 Auto CAD、SktchUp、3dMax 和 Vary 等技术平台，进行吉林省满族传统建筑遗产平面、立面、建筑细部、结构等的二维制图和建筑物及周边环境的三维建模。随后借助数据库技术，建设"吉林省满族传统建筑遗产数据检索系统 V1.0"，对吉林省满族传统建筑遗产图像、模型、尺度、历史背景等信息进行收集、保存、管理和在线展示。

（2）"吉林省满族传统建筑遗产虚拟漫游"仿真实验建设

以乌拉街"魁府"为例，运用虚拟仿真技术，开展虚拟旅游实例建设。

（3）"乌拉街满族生态博物馆"建设

以吉林省乌拉街镇为项目地，引入"生态博物馆"概念，以乌拉街镇"十字街"为中心，连接"三府一寺"建筑，形成建筑遗产与非物质文化遗产（简称"非遗"）保护与利用的新模型，并探讨规划和设计的理念与方法以及非物质文化遗产数字化展示方法。

（4）存在问题及整体原则、基本要求和建设策略

针对吉林省满族传统建筑遗产数字化保护建设，分析存在的问题，总结民族建筑遗产数字化保护的整体原则、基本要求和建设策略。

4. 吉林省主要满族传统建筑遗产数字信息图稿

运用传统古建筑测绘方法和数字化测绘手法，对吉林省内分布的满族传统建筑遗产进行实地调研与测绘，再运用计算机进行数据的处理和分析，获取准确的建筑数字信息，具体包括建筑结构、建筑材料、建筑装饰和建筑环境等，呈现数字信息图稿，为研究和保护的开展提供数据支持。

（三）研究目标

本书拟在建筑遗产数字化保护的技术分析和满族传统建筑文化与艺术研究的基础上，对吉林省满族传统建筑遗产进行实地测绘，得出数据资料，并据此运用计算机这一数字化工具进行二维建筑图像与三维建筑模型的编辑与输出，进而开展吉林省满族传统建筑遗产的数字化建设实证研究，对存在问题、整体原则、基本要求和建设策略进行分析和总结。一方面，真实地再现吉林省满族传统建筑遗产资源，起到科学准确记录文化建筑遗存的目的；另一方面，通过对民居建筑物的考察和研究，为未来复原满族传统建筑和历史、文化、艺术方面的研究提供数据支持。同时，结合

实践案例,对数字化保护过程中出现的关键和典型技术性问题进行详尽的论述,以期得出有效的数字化技术研究成果,为民族文化数字化保护的研究提供有价值的技术和方法。

三 吉林省满族传统建筑遗产数字化保护的意义

吉林省是满族的主要发源地之一,满族传统建筑资源丰富。这些建筑涂抹着吉林地区鲜明的文化底色,积淀厚重、内容丰富、形式独特,是满族社会发展的历史印记,具有极高的文化、历史和审美价值。然而随着城市化进程的加快,满族传统建筑面临快速消失的命运。与此同时,满族传统建筑采用的砖木房屋结构也极易受到气候环境的影响,房屋坍塌和火灾严重制约了建筑遗产的保护。在这种情况下,尽快开展对现存满族传统建筑遗产原貌的数字化保护是十分必要的。

建筑遗产的数字化保护是建筑遗产保护利用的基础工作,是历史建筑保护设计、规划编制和科学研究的重要组成内容,也为研究建筑文脉和地域特色提供了珍贵资料。

建筑遗产的数字化保护是民族建筑保护事业中的一种新方法、新途径,也符合数字信息时代对文化资源保护、研究、传播与利用的实际需要。通过研究吉林省满族传统建筑遗产的数字化保护,本书将发挥以下作用。

(一) 为相关研究提供新数据

目前,吉林省满族传统建筑遗产的相关研究较为丰富,但这些研究中多缺乏建筑物的详细尺寸数据,这种情况不利于对满族传统建筑遗产进行全面、深入的认识与研究。因此,本书通过对吉林省满族传统建筑遗产进行实地测绘,并运用计算机进行数据采集和输出,为相关的理论研究和建筑实体修缮复原提供准确、科学的数据支持。

（二）为吉林省满族传统建筑遗产保护提供新路径

吉林省满族传统建筑为砖木结构。这种房屋一方面受气候环境的影响，易出现房屋的坍塌；另一方面也极易发生火灾。目前，吉林省内的满族传统建筑、全国文物保护单位乌拉街"三府"在历史上都不同程度地受到这两方面的影响，未来这种可能性也不能忽视。与此同时，一些非文物保护单位由于房屋本身的易损性、建筑物老旧程度和使用功能的变更等，建筑部件更迭速度加快，在每次修葺后，一些旧的建筑构件就会被替换。针对这一问题，传统的保护手段已经落后于传统建筑遗产损毁的速度，因此，尽快对现存建筑的原貌开展数字化保护并进行数据库建设，为建筑遗产保护提供了一条十分必要也更为便捷的新路径。

（三）为吉林省旅游资源开发提供新途径

数字化保护以及数据库的建设能够拓展空间浏览模式。运用互联网媒介，打破时间和空间的局限，让更多的人了解和认识吉林省满族传统文化和建筑艺术，起到更加广泛的宣传作用，有助于进一步开发地方文化旅游资源，提升旅游目的地知名度与竞争力，助力地区经济发展。

第一章 吉林省满族传统建筑遗产

对吉林省满族传统建筑遗产开展数字化保护之前，首先要对建筑遗产有较为全面的认知、理解以及掌握，其中即包括对建筑实体空间历史信息、精神意蕴的理解、甄别、发现和评价。同时亦要求研究者熟悉研究对象的相关形式特征与结构及构造知识。对吉林省满族传统建筑遗产的现状、分类、整体特征的梳理和总结，以及对建筑遗产历史、人文特征的分析，为接下来的数字化保护研究工作开展奠定了充分的基础。

第一节 吉林省满族传统建筑遗产信息

吉林省是东北地区古人类繁衍生息的要地之一，历史遗址众多，早在新石器时代便有人类生活的痕迹。清代，宁古塔将军驻地由宁安迁至吉林，自此东北地区政治、军事、经济中心也转移至吉林。吉林市龙潭区乌拉街更是清朝"龙兴之地"，顺治十四年（1657）设立打牲乌拉总管衙门，专为皇室提供祭天、祀祖及生活用品，如东珠、鲟鳇鱼、松子、人参、貂皮等，1912年清王朝覆亡后衙署裁撤，历经200余年，因而留存了较为完整的历史遗迹。

吉林省现存众多遗址中蕴含浓厚的东北少数民族特色。特别是吉林市、长春市、四平市等地，辖区内建筑遗产保护级别高、艺术性强，突出地代表了吉林省满族传统建筑遗产，为开展吉林省满族建筑遗产的保护性研究提供了具体的实例。

一　吉林省满族传统建筑遗产文物保护单位

依据国家文物局公布的八批文物保护单位信息和吉林省公布的省级文物保护单位信息，结合研究对象的界定，本书中涉及的吉林省满族传统建筑遗产有 10 处，其中国家级重点文物保护单位 2 处，全部位于吉林市内，为吉林文庙和乌拉街清代建筑群；省级文物保护单位 8 处，具体名录见表 1－1。

表 1－1　吉林省省级文物保护单位名录

序号	名称	批次	地点	年代	备注
1	北山寺庙群	第四批	吉林市船营区北山公园内	清代	
2	布尔图库苏巴尔汗边门衙门遗址	第四批	四平市铁东区山门镇	清代	
3	王百川居宅旧址	第五批	吉林市船营区德胜街 47 号	民国时期	
4	毓文中学旧址	第五批	吉林市船营区松花江路 191 号	民国时期	
5	观音古刹	第六批	船营区光华路与昆明街交叉路口处南侧	1770 年（清代）	
6	龙潭山寺庙群	第六批	龙潭山上	1754 年（清代）	
7	蜂蜜清真寺	第七批	长春市九台区胡家乡蜂蜜村	1898 年（清代）	
8	锦江木屋村	第七批	白山市抚松县漫江镇锦江村	民国时期	

资料来源：《1－7 批省级单位保护名录》，吉林省建筑历史与建筑遗产保护学会，https：// jzyc. jlju. edu. cn/info/1012/1015. htm，最后访问日期：2019 年 11 月 22 日。

在实地调研中，磐石天主教堂、三道清真寺、长春清真寺、通化玉皇阁等地进行了多次翻修，对典型元素指标的获取造成了比较大的影响，因此上述建筑在本书中不作为研究对象。

二　吉林省满族传统建筑遗产基本信息

(一) 吉林文庙

吉林文庙坐落在吉林市昌邑区松花江北岸，是国家级重点文物保护单位。始建于乾隆元年 (1736)，是清朝乾隆皇帝御批在东北兴建的第一座文庙。

吉林文庙与南京夫子庙、曲阜孔庙、北京孔庙并称"中国四大文庙"，是东北地区建筑年代较早、建筑等级较高、保存较完整的一座清代建筑群，这在我国封建社会所建的地方性文庙中是独有的。

乾隆五十五年 (1790)，吉林城内大火，文庙被焚，由吉林将军奏请用官银重新修葺，殿庑门堂焕然一新。嘉庆十一年 (1806)，庙内斋房被焚，嘉庆十四年 (1809)，在斋房故址修建起尊经阁。至道光初年，永吉州文庙的建筑有圣殿三间、东西庑各三间、启圣祠三间，在圣殿后有大成门三间，在庑前有泮水池，泮水池北有东西两角门，东曰圣域，西曰贤关。泮水池南为棂星门。门墙外有左右下马坊各一，南端为照壁。庙之西为明伦堂三间，堂西有尊经阁三间，堂后为学正廨所。

道光十八年 (1838)，吉林士绅又捐款维修。咸丰九年 (1859)，由举人庆福、贡生侯镇藩倡捐重修泮池，改为石桥。同治十年 (1871)，另建明伦堂三楹、砖仪门一座，并修大门。光绪九年 (1883) 由署府教授解延庆改修两庑为各五间。光绪十九年 (1893) 由巡道讷钦重修，添建祭器、乐器二库，加大泮池，加高照壁，并于庙内建名宦祠、乡贤祠、节孝祠各三间。在大成殿后，建崇圣殿三间。

光绪三十二年 (1906)，清王朝升祭孔为国家大祀，又因光绪三十三年 (1907) 吉林改设行省，巡抚朱家宝、提学使吴鲁认为文庙"殿堂卑狭，简陋不称，无以崇礼展敬"，特聘江苏训导管尚莹去关内考察各地孔庙，决定在东莱门外拓建新庙，即现在的吉林文庙。至宣统元年 (1909)，主要建筑全部竣工。

　　吉林文庙（见图 1-1）是一组由殿堂、配庑、墙垣构成的极具传统建筑特色的古建筑群，坐北朝南，占地面积 16354 平方米，建筑面积 2997 平方米，东西宽 74 米，南北长 221 米，红砖黄瓦、雕梁画栋、气势雄伟、环境优雅。有殿堂配庑以及照壁、东西辕门、泮池、状元桥、棂星门等附属建筑。照壁前面东西建有砖楼各一，其中有"文武官员到此下马"石碑，以示对孔子的尊崇。

图 1-1　吉林文庙

资料来源：笔者拍摄。

　　作为清朝在东北建立的较早的一座孔庙，吉林文庙具有深刻的文化内涵。吉林文庙既是封建社会统治阶级尊孔崇儒的礼制建筑，也是清朝政府对汉文化传入东北地区的认可，是汉文化与东北少数民族文化互通有无的历史见证，对满汉文化的融合起到了促进作用。① 它建成于古建筑的成熟时期，在某种程度上保存了中国古建筑艺术之精华，反映出当时建筑工匠

---

① 王战生：《吉林文庙的历史与现状》，吉林省博物馆协会、吉林省博物馆编《春草集——吉林省博物馆协会第一届学术研讨会论文集》，吉林人民出版社，2011；刘晓东：《"术"与"道"：清王朝儒学接受的变容——以吉林文庙的设立为中心》，《中国边疆史地研究》2014 年第 3 期。

的高超技艺和建筑水平，显示出儒家建筑的特殊风格和满族传统建筑特色，为我们研究吉林省满族传统礼制建筑提供了借鉴。

现今，吉林文庙是一个以保护古建筑群为主要任务的专业性博物馆，以对公众进行中华民族传统文化教育和爱国主义教育为己任，通过举办展览和各种文化活动，弘扬中华民族传统文化，开展爱国主义教育，激发公众的爱国热情，推动全民素质提高。

（二）乌拉街清代建筑群（"三府一寺"）

乌拉街清代建筑群位于吉林市龙潭区乌拉街满族镇，由"魁府"、"后府"、"萨府"和清真寺四部分组成，2013 年被国务院公布为第七批全国重点文物保护单位。

1. "魁府"

"魁府"坐落于吉林省吉林市龙潭区乌拉街镇"十字街"东隅，为二进四合院建筑，系时任科布多参赞大臣、查城大臣、察哈尔副都统、张家口都统王魁福的私邸，故此得名。该建筑始建于清光绪二十四年（1898），光绪二十八年（1902）前后竣工。

光绪元年（1875）王魁福出征伊犁，受到光绪帝的褒奖，晋为副都统，赏赐金银，衣锦还乡，修建府邸。王魁福73岁时，升任张家口都统，一年后死于任上。该居便由其子王栋斋继承。王栋斋曾任安广县知事。民国年间，王氏把此宅卖于张茂塘名下。张茂塘，原乌拉街"万屯"（今万家村）人，曾在张作相手下任伪满洲国松花江上游水上公安局局长，后又为伪满洲国吉林省滨江道区保卫督练兼清乡督办。新中国成立后，此宅被作为敌产归公。先后被辟为永北县政府所在地、永吉县农业展览馆，后为乌拉街人民公社所在地、乌拉街满族镇招待所。

2. "后府"

"后府"位于乌拉街镇东北隅。建于清光绪年间，是打牲乌拉总管、三品翼领云生的私人府邸。因镇内还有"东府"（"魁府"）、"前府"（"萨府"），按位置称为"后府"。

云生，姓赵，字奇峰。打牲乌拉正白旗人。于光绪六年（1880）任打牲乌拉总管，旋即开始营建这座精美、华丽的府邸。至光绪二十四年（1898），"后府"全部落成。辛亥革命后，1912 年清廷倾覆，"后府"逐年败落。民初尚有余晖，至伪满时期，只残留四合院一套。1946 年，国民党第八十八师某营部驻防"后府"，将正厅后边的两座仓房拆建为碉堡。1978 年 10 月 27 日，县卫校瓦工烧炕不慎引起火灾，将"后府"东厢房烧毁。1979 年 9 月，东厢房残存房架及所有木料被拆除运走。现仅存正房五间和西厢房五间。

3. "萨府"

"萨府"始建于清乾隆二十年（1755），系时任打牲乌拉总管衙门第 13 任总管（正三品）索柱的私邸，为二进四合院格局，有门房三间，正房三间，东西厢房各六间，因在地理方位上与尊仁街以东、永远胡同中间处的"后府"正南北相对应，故名"前府"。1786 年索柱调任吉林副都统之后，转卖给他人。因其曾为一显贵萨大人所有，所以亦称"萨府"。新中国成立后，"萨府"一直辟作永吉三中教室。2004 年以后，"萨府"归吉林市第四十九中学管理和使用，局部曾几经小修，所以整体上保护较好。

4. 清真寺

清真寺位于乌拉街镇西南，距镇政府 700 米，建于清康熙三十一年（1692），是乌拉街仅存的一处寺庙建筑，1984 年人民政府拨款重修。

清真寺坐西向东，原有正殿一座、北廊五间、南廊三间、对厅三间。对厅和南廊现已拆除，仅存正殿和北廊。

（三）北山寺庙群

北山，位于吉林市船营区北山公园西北，曾名九龙山。该山南距松花江 1 千米，有东西二峰。在北山的东峰上，沿东南至西北方向顺序排布着关帝庙、药王庙、坎离宫、玉皇阁四座寺庙，集佛、道、儒寺庙于一峰之上，排列错落有致，建筑形态各异，颇具满族传统建筑特色，"300 多年来已形成吉林地区独特的佛道儒俗和萨满教信仰杂糅共祀的宗教文化和民俚风俗特色。为我们研究探索吉林地域乃至东北地区的历史、文化、宗教、萨满教遗存和满汉民俗供祀活动"提供了翔实的资料。① 1987 年，北山寺庙群被列为吉林省省级文物保护单位。

1. 关帝庙

关帝庙位于北山寺庙群东端，坐落在山顶临崖处，建于康熙四十年（1701）。关帝庙现有两重院落，其中有正殿三间。另有山门一间，戏楼、钟楼、鼓楼各一座，澄仙阁、鬳鹤轩各三间。全庙占地面积为 2801.17 平方米。

2. 药王庙

药王庙，又称三皇庙，倚关帝庙西墙而建，始建于乾隆三年（1738）。现有硬山顶正殿三间，东西配庑各三间，还有眼药池、春江山阁、灵仙堂、山门各一座。庙宇占地面积为 1474.60 平方米。

3. 坎离宫

坎离宫在药王庙之西，建于光绪二十三年（1897），占地面积为 334.88 平方米，建筑面积为 248.53 平方米，是北山寺庙群中最小的庙宇，设有正殿三间、东配房三间。②

4. 玉皇阁

玉皇阁，又名大雄阁，是北山寺庙群中地势最高、规模最大、建筑最宏伟的庙宇，始建于 1774 年。自乾隆年间建成后，至新中国成立前，曾多次修葺。1926 年做了一次较大规模的重建，重建后的玉皇阁占地面积为 5124 平方米，建筑面积为 1527 平方米。玉皇阁为两进院落，有正殿楼房六间（上下各三间），佛堂五间，客厅五间，东西配庑各三间，祖师殿三间，老郎殿三间，观音堂一间，灵仙堂一间，山门三间，钟楼、鼓楼各一。在朵云殿及东西两侧配庑（禅堂、万缘轩和吟秋阁），旧有许多匾额和楹联。

（四）布尔图库苏巴尔汗边门衙门遗址

布尔图库苏巴尔汗边门衙门遗址位于四平市铁东区山门镇半拉山西侧

---

① 付宝仁：《从北山古寺庙群的供祀格局看吉林地区满汉交融的宗教、文化特色》，《东北史地》2008 年第 3 期。

② 高菲：《盛会不断的北山寺庙群》，《吉林日报》2007 年 2 月 1 日，第 9 版。

山脚下，四平市区至山门镇、山门镇至营城子乡路交会处。1987年被吉林省人民政府公布为第四批省级文物保护单位。第二次全国文物普查期间对遗址进行了调查和修缮。之后当地文物管理部门进行了多次修缮，使该遗址基本保存完好。

布尔图库苏巴尔汗边门衙门始建于清康熙九年（1670），当时仅包括一座边门的门楼、兵丁房和仓库。其后相继修建了"大老爷府"（五品防御官邸）、"二老爷府"（八品笔帖式官邸）和"老爷庙"（关羽庙）。目前仅存兵丁房（后改为边门衙门）三间、耳房一间（见图1-2）、门楼一间及围墙，占地面积185平方米。布尔图库苏巴尔汗边门衙门是吉林边墙的第一座边门，也是柳条边20座边门中唯一保留下来的古建筑。

图1-2　布尔图库苏巴尔汗边门衙门耳房

资料来源：笔者拍摄。

（五）王百川居宅旧址

王百川居宅旧址位于吉林市船营区，是清代至民国年间典型的满族四合院民居。1999年，王百川居宅旧址被吉林省人民政府列为重点文物保护单位，现为吉林市满族博物馆。

王百川又名王富海，清末民初时先后担任长春、吉林永衡官银号钱号经理、总经理，1940 年捐巨款修建了吉林市松花江第一座公路桥——吉林大桥。为吉林市建设做出了一定贡献。

王百川居宅旧址坐北朝南，系南北中轴线布局，左右对称，为二进四合院。正房七间，东西厢房各五间，内外厢房各三间，门房七间，东北有仓房、厨房以及厕所，房后有花园和菜窖，四周由青砖墙围合。

《吉林市志·城市建筑志》中对其有较为详尽的描述："门房面临德胜路，高出路面约半米，用条石铺成斜面供大车可直进大门，屋宇大门门扇建在两前檐柱处门枕石上，安活动门槛。门前两侧做斜墙，形成八字。后檐柱间设立一个可移动的木板影壁，门房两侧北面带封闭式走廊，门房南墙每间有方窗，外罩铁丝网，既不影响日照，又可保障安全，门墙两端稍凸出，有斜面，成雁翅，各开一个角门。二门为垂花门，腰墙为石基瓦镇砖砌花墙，隔出内外两个庭院。外厢房不带前廊，南面山墙嵌有山坠、腰花。大门、二门与正房明间在一中轴线上，内院比外院高约 30 厘米，正房台基比内院平地也高约 30 厘米。正房为硬山陡板脊，七檩五柁带有游廊，廊柱和檐柱细长，沉重中显得稳重，两厢也带游廊，举架比正房略低。正房前月台与房面同宽，东西拐角墙均砌有垂花门。中轴线上甬路比庭院地面高 20 厘米，通向两厢（的）甬路则稍低约 10 厘米，显示出主次之别。甬路两边砌花岗岩石条，每条长 2 米，重约 400 公斤，中砌青砖。月台前有饰缸，其余植花树。院培石基砖心瓦镇，屋墙除前搪墙外，均为'二不露房'，连排山柱也不同。以山墙为柱为柁，几乎全部砖活都采用磨砖对缝，工艺精巧。"① "雕梁画栋、垂珠倒悬、蝙蝠戏金钱、花墙磨砖对缝"是吉林地方史专家周克让在其著作《吉林话旧》中关于王百川居宅旧址二门的介绍。

---

① 吉林市城乡建设委员会史志办编印《吉林市志·城市建筑志》，1997，第 163 页。

（六）毓文中学旧址

毓文中学旧址位于吉林市船营区松江中路 191 号，是一个长方形院落，总占地面积 2710 平方米，建筑面积 1125 平方米。其布局属传统的三合院建筑，有正房和东西厢房，东侧有回廊相连。

（七）观音古刹

观音古刹坐落在吉林市船营区向阳街道境内，建于乾隆十八年（1753）。1938 年在释如莲方丈主持和居士们的资助下，扩建了藏经殿、法堂、十大金刚殿和十丈堂。1998 年，在观音古刹前修建了一正门使观。

观音古刹（见图 1－3）原有正殿三间，东西配房各五间，仙人堂一间，钟楼、鼓楼各一，大门三间，门前戏楼一座，占地 3000 平方米。观音古刹山门为砖砌城阙式，在山门中轴线偏西中券上有楷书"观音古刹"四字，左右券上嵌汉白玉扇面雕花。山门南建有正殿三间，为庙的主体建筑观音殿，为硬山陡板脊抬梁式木架砖瓦结构。腰墙内正中为天王殿三间，

图 1－3　观音古刹

资料来源：笔者拍摄。

坐北朝南。腰墙两端有钟、鼓二楼，两楼下部为砖砌城阙式结构，上部是四阿式挑檐结构。观音古刹是全国少有的一座坐南朝北的寺庙，在新中国成立前后是吉林城佛事活动的中心。

（八）龙潭山寺庙群

龙潭山寺庙群位于吉林市东部、松花江东岸的龙潭山公园内，龙潭山因山上有龙潭古池而得名。龙潭山寺庙群由观音堂、龙王庙、关帝庙等组成，统称龙凤寺。清乾隆初年始建。"文革"期间遭到严重破坏，后经维修，已基本恢复原貌。清乾隆帝东巡吉林时，曾游览了龙凤寺，祭礼了龙潭，并为观音堂正殿书写了"福佑大东"匾额，封一棵高28米多、挺直无曲、枝叶翦齐的黄娑罗树为"神树"。①

龙王庙，坐东向西，正殿由神殿和卷棚组成。神殿为硬山陡板脊抬梁式木架砖瓦结构，卷棚为歇山挑檐式木架明柱结构，仰瓦屋面，红漆明柱。

观音堂，在龙王庙东南，坐北朝南。有正殿六间、祭祀房三间、禅堂三间。正殿由神殿和卷棚各三间组成。神殿与卷棚建筑结构与龙王庙相同，只是规模较大、装饰较精。正殿前台基下建有砖瓦结构的焚香炉，再前建有钟、鼓二楼，楼的上部为四阿式挑檐结构，下部为城阙式结构，两楼的券门上分别镌刻"晨钟""暮鼓"字样。此庙是龙凤寺中的主要寺庙，自建成后曾进行多次修葺和扩建。

关帝庙在观音堂西北侧，有正殿三间，坐东朝西，为硬山陡板脊抬梁式木架砖瓦结构。在扩建观音堂时，在其北侧添建客厅三间、更衣厅五间。

（九）蜂蜜清真寺

蜂蜜清真寺位于吉林省长春市九台区胡家回族乡蜂蜜村，始建于清代

---

① 王辉：《龙潭山——寺庙风景的天然园林》，《新长征》（党建版）2015年第5期。

康熙初年，早于乌拉街清真寺（1692），是吉林省现存最早的清真寺。

该寺清宣统元年（1909）毁于山洪，灾后由当地回民募捐重修。现占地面积 900 平方米。蜂蜜清真寺大殿面阔五间，屋顶为歇山顶，七檩接架，前廊檐后出厦，殿脊高耸，飞檐四出。

（十）锦江木屋村

锦江木屋村，位于白山市抚松县，地处漫江镇西北约 5 千米处锦江西岸的密林中，村域面积 5 平方千米。

清康熙十六年（1677），由武默讷护卫兵和猎户始建。清朝末期，长白山解禁，关内流民进入长白山区，有部分在此落户。20 世纪 30 年代，日本侵占东北，实行并屯管理政策，把周边几个村屯并到此处，形成了锦江木屋村落的聚居雏形。20 世纪 50 年代，一些山东移民流入，他们"入乡随俗"，沿用当地传统的建筑样式和建筑技艺，建成了现在传承与延续地域性文化的锦江木屋村落。

锦江村坐落在长白山腹地，整个村庄依山傍水。村落形态呈带状，坐北朝南，村内只有一条主要道路，直通村南的蛤蟆湾。村落地形独特，有一面坡，四面环树，南北一条街道，南面有一条锦江河。村中木屋格局属民居平房，房屋整体用圆木构建，只是用锯、锛、斧简单修理，垒垛形成，还有木墙、木瓦、木烟囱，构成了独特的木屋木质风貌。木屋选用的建筑材料全部是山林中的木材，建造方法是根据建造的房屋大小，将原木两端凿刻成凹槽，然后使其相互咬合，叠摞在一起，搭成房屋四壁的"木墙"，再将松木锯成"木段"，加工成"木板瓦"，覆盖于房顶挡雨，再把一根完整倒木掏空成筒状立在屋外做烟囱。

三　吉林省满族传统建筑遗产总体特征

吉林在清朝初年称吉林乌拉，满语为沿江，靠近江边之意。吉林是由此简化音转而来。吉林市又名船厂。雍正五年（1727）设永吉州，乾隆十二年（1747）撤永吉州，建立吉林厅，光绪八年（1882）改为吉林府。因此，整体上，吉林省保存较为完好的建筑遗产主要分布在吉林市。

总体来看，吉林省满族传统建筑遗产中国家级与省级文物保护单位数量少，但地方特色浓厚，保存较为完好，建筑类型有礼制建筑（文庙）、寺院建筑、衙署建筑和民居建筑，建筑时间集中在清代。

（一）分布

本书中探讨的吉林省满族传统建筑遗产主要分布在吉林市，共八处，占总数的80%，两处全国重点文物保护单位都在吉林市，与吉林市在有清一代的重要地位有关。作为满族的发祥地之一，吉林从清代康熙年间开始便备受重视，特别是在1676年宁古塔将军移驻吉林之后，吉林市便成为东北地区政治、经济、文化与军事中心，有重要的历史地位。因此，吉林市辖区遗留有大量满族传统建筑遗产，可见当时吉林市的繁盛与清朝对这一地区的重视。

吉林市满族传统建筑遗产沿江呈条状或点状分布在城区与郊区各处，主要集中于四个市辖区交界处的中心城市与北部乌拉镇。

四平市有一处，为衙署。白山市有一处，为村落，由于其独特的营建方式、建筑特征和材料应用，单列一节分析。

（二）建筑类型与形制

吉林市满族传统建筑遗产中礼制建筑（文庙）一处、民居四处（含乌拉街三处）、衙署一处、寺庙建筑群六处，吉林文庙、观音古刹、北山寺庙群玉皇阁等采用的是宫殿式建筑形制。吉林省满族传统建筑遗产类型与形制见表1－2。

表1－2　吉林省满族传统建筑遗产类型与形制

序号	名称	建筑类型	形制
1	北山寺庙群	寺庙	宫殿式
2	布尔图库苏巴尔汗边门衙门遗址	衙署	民居式

续表

序号	名称	建筑类型	形制
3	王百川居宅旧址	民居	民居式
4	毓文中学旧址	民居	民居式
5	观音古刹	寺庙	宫殿式
6	龙潭山寺庙群	寺庙	宫殿式
7	蜂蜜清真寺	寺庙	民居式
8	锦江木屋村	民居（村落）	民居式（井干式）
9	吉林文庙	礼制建筑	宫殿式
10	乌拉街清代建筑群	民居、寺庙	民居式、宫殿式

资料来源：笔者自制。

（三）保存现状

整体来看，吉林省满族传统建筑遗产保存状况（见表1-3）良好，民居的建筑特征保存完整度高，这主要与建筑的使用功能有关。

表1-3 吉林省满族传统建筑遗产保存现状

序号	名称	保存状况	特征保存完整性
1	北山寺庙群	良好	较好
2	布尔图库苏巴尔汗边门衙门遗址	良好	较好
3	王百川居宅旧址	良好	较好
4	毓文中学旧址	良好	较好
5	观音古刹	较好	一般
6	龙潭山寺庙群	较好	一般
7	蜂蜜清真寺	较好	一般
8	锦江木屋村	较好	较好
9	吉林文庙	较好	一般
10	乌拉街清代建筑群	良好	较好

资料来源：笔者自制。

吉林省满族传统民居建筑遗产作为学校、政府办公场所使用，因而保存状况较好，其满族传统民居典型特征保存完整性较好。文庙和寺庙建筑则由于礼制和宗教服务需要，由政府和信众进行及时维护，保存状况良好，但由于扩建、重修等活动较为频繁，因此满族传统建筑典型特征的保存完整性一般。

（四）建筑特点

无论是民居、衙署，抑或是礼制和寺庙建筑，吉林省满族传统建筑遗产都呈现了典型的满族传统建筑特征，且均有民居建筑原型的痕迹，可以说吉林省满族传统建筑遗产的研究，其起点是满族传统民居建筑。

在布局形态上，除佛教寺庙和礼制建筑文庙外，其他建筑遗产基本采取的是传统民居建筑的合院式布局。锦江木屋村的乡村民居建筑和民间信仰寺庙并不严格按中轴线布局，组合较为松散，是满族传统建筑营建文化遗存。

在建筑材料上，吉林省满族传统建筑遗产中无论是衙署、民居、寺庙，还是礼制建筑，其建筑制式和建筑材料都相一致，显示了满民族"因便就简""实用为主"的营建意匠。

沿山而建的寺庙建筑体现了满族传统高台建筑的特征。

建筑细部装饰除宗教建筑局部存在特殊的宗教象征符号外，主要呈现民居建筑细部装饰特征。

第二节　吉林省满族传统民居建筑特征

我国幅员辽阔、民族众多，不同区域、不同民族形成和发展了自己独特的民居建筑体系，如福建的土楼、陕西的窑洞、徽州地区的徽派建筑等。这些民居建筑是地区自然、经济、历史、习俗和宗教等多种因素共同作用的结果，呈现出独特的艺术特征，是民族文化的重要载体和我国建筑艺术宝库中的瑰宝。

满族发源于"白山""黑水"之间，其民居由早期的"地穴"、"半地穴"和"巢居"逐渐演变成"地上居"的形式，并最终形成以"口袋房、万字炕、烟囱仁在地面上"为典型建筑特征的传统民居原型。

一 吉林省城镇满族传统民居建筑特征

（一）吉林省满族传统民居建筑的梁架结构特征

满族"旧俗无室庐……夏则出随水草以居，冬则入处其中"，至公元10世纪"始筑室，有栋宇之制"（《金史·世纪本纪》）。其后，随着与周边民族交流的加深，特别是与汉民族文化的碰撞与互动，满族传统民居建筑的营造技术逐渐进步，形成了抬梁式的梁架结构，"是一种以梁柱为承重构件的体系"，[①] 其受力系统通过屋顶传到屋面板、檩、枓、瓜柱、大柁（大梁）再到柱子，进而由柱子传到地面直至基础。其中，与汉族传统建筑"檩—垫板—枋"结构不同的是，满族传统民居建筑在"檩"与"枋"之间减少了"垫板"，创造性地发展出"双檩"形式（见图1-4）。而其中所谓"枋"亦非方木，而是与"檩"一样的圆木，在地方做法中，也被称为"枓"。

图1-4 满族传统建筑双檩结构

资料来源：笔者拍摄。

---

① 陈伯超主编《满族建筑文化国际学术研讨会论文集》，辽宁民族出版社，2001，第1页。

吉林省满族传统民居建筑的梁架形式十分独特，极具民族特点，最为常见的为"五檩三枅"式、"五檩五枅"式、"六檩六枅"式。

"五檩三枅"式是在大梁中部设大脊瓜柱，用以直接承托房檐的重量，而金瓜柱上有檩而无枅，因而称"五檩三枅"，因其形似"三炷香"，地方上又称其为"三炷香"式，常见于一般小型住宅中。

"五檩五枅"式与"五檩三枅"式类似，也是以大脊瓜柱直接承托檐檩、枅和脊檩、枅。不同的是，"五檩五枅"式在金瓜柱上设有"三架梁"。这所谓"三架梁"并非一个整体，而是两个单独的小横柁，被大脊瓜柱从中贯穿，其上承托檩、枅，分散了"五檩三枅"式"五架梁"（大梁）过于集中的负荷，是满族传统民居建筑最常见的形式。

"六檩六枅"式是在"五檩五枅"式的基础上留出前廊，即通过檐墙后移，在老檐柱上设置垫墩"加穿插梁"的方式，这种形式现多见于大型满族传统建筑，如乌拉街"前府"。

（二）吉林省满族传统民居建筑的屋顶特征

"中国建筑对屋顶的设计最为重视，在古代就有以它来概括整座房屋的意思。"[①] 因此，可以说中国的建筑是屋顶的艺术。各民族、地区传统民居的屋顶不尽相同，也是其民居建筑的显著标志，满族传统民居建筑亦是如此。

高大、耸立、厚重的屋顶是满族传统民居建筑的主要特征。吉林省满族传统民居建筑的屋顶与屋身比约为 1∶1 至 1∶1.2，坡度陡急，坡面平直，因而其屋顶在视觉上给人以巨大的体量感。

吉林省满族传统民居建筑屋顶形式普遍采用"硬山式"，房屋的两侧山墙略高于屋面，屋面停收于山墙之内，简洁、端庄。其正脊多为"清水脊"，并做蝎子尾造型或装饰玲珑花，整体风格古朴、素雅。

---

① 李允鉌：《华夏意匠——中国古典建筑设计原理分析》，天津大学出版社，2005，第185页。

吉林省满族传统民居建筑屋面采用"仰瓦"的形式，以仰瓦灰梗的营造技艺仰面铺设尺寸为 170 毫米×165 毫米的小青瓦，并在左右各留有二三道正瓦，形成富有韵律和节奏感的鱼鳞状屋面形态（见图 1-5）。

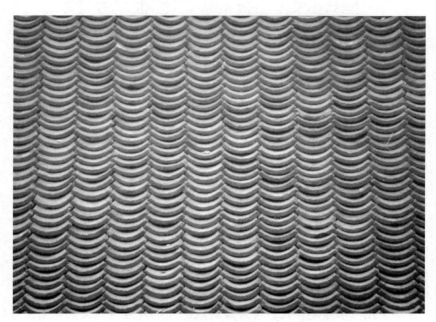

图 1-5　满族传统民居建筑仰瓦屋顶

资料来源：笔者拍摄。

（三）吉林省满族传统民居建筑的墙体特征

满族传统民居建筑的屋身主要由墙壁和门窗构成。除檐柱外，吉林省满族传统民居建筑中的其他柱子均包裹在厚度为 400~500 毫米的墙壁内。墙体材料主要是青砖、土坯、石块等。

少数乡村住房的外墙采用土坯墙的形式，大多数满族传统民居建筑以"丝缝"或"干摆"的方式砌筑青砖墙体，"外砖里坯"的做法比较常见，部分民居建筑的山墙还会搭配虎皮石墙（见图 1-6）。

图 1-6　满族传统民居建筑虎皮石墙

资料来源：笔者拍摄。

（四）吉林省满族传统民居建筑的窗户特征

吉林省满族传统民居建筑一般设有尺寸较大的南窗，北窗较小或无北窗，东西山墙不设窗，窗户上部一般抵至檐檩。

窗户采用支摘窗的形式，有分为两段的，也有分为三段的。两段的支摘窗，其上部窗扇可以支开，下部窗扇平时固定，有需要时可整扇摘除。三段支摘窗一般上下窗扇固定，中部窗扇可以向外支起。冬季，会在窗扇外用高丽纸等糊上"窗户纸"。

满族传统民居建筑的窗户式样较为简单、古朴，多为直棂、回纹或者盘长纹。

"六檩"以上房屋窗户上方设有"高照板"，有些绘有彰显居住者品位的彩画作品。

（五）吉林省满族传统民居建筑的烟囱特征

满族将烟囱称为"呼兰"，其高度过檐，尺寸巨大，与满族传统民居建筑高大的屋顶相映成趣。

满族传统民居建筑中烟囱的主要特点是直接矗立在地面上，与房屋之间留有一段距离，由烟道相连，因此其被称为"跨海烟囱"（见图1－7）。

"跨海烟囱"呈现"下大上小"的锥形，其来源于早期对"空心倒木"的使用。早期烟囱主要"刳木为之"，后期多采用土坯或砖砌，烟囱截面也从单一的圆形发展出方形，也有部分建筑的烟囱与房屋紧连或设在山墙上部。

跨海烟囱是满族传统建筑的主要标识之一。

由于满族传统建筑的屋顶是用柳树皮或茅草紧覆盖，早期烟囱主要采用空心倒木刳成，如果烟囱附在墙壁上或设在房顶上，容易引起火灾，而所以就把烟囱设在距房三四尺远的地面上，再通过烟道连通室内炕洞，达到排烟效果。

满族支出山林后，这种烟囱逐渐改为用土坯和青砖砌筑，但高出房檐、下粗上细的风格依然如故，砖砌的烟囱更为方形，远视之犹如一座小塔。

图1－7 "跨海烟囱"

资料来源：笔者自绘。

（六）吉林省满族传统民居建筑的布局特征

满族传统民居建筑室内平面形状呈较为规整的"一"字形，"口袋房、万字炕"是其典型的室内平面空间组织形式。

"口袋房"又称"筒子房"或"斗室"，因其屋门向东偏间，形似口袋而得名。一般三间房在东间开门，五间房则在东起第二间开门，如沈阳故宫清宁宫，可见此传统历史之悠远，后期也有开中门者。

"万字炕"是指南、西、北三周环屋的火炕，因其形似"万"字而得名。其中南、北两端炕为起居活动的地方，西炕由于上方供奉有祖宗板，其下不可随意坐卧和堆放杂物，因而较窄。

而在院落布局中，吉林省满族传统民居建筑院落采用中轴线对称形式，多为一进或两进合院。一进三合院包括正房和东西厢房，一进四合院另加倒座。两进合院建有"花墙"分隔内外院，二门多采用"垂花门"的形式，内院为起居空间，外院为厨房、碾坊、仓房等，部分院落带有东西抄手游廊和角房。院落整体呈长方形，南北跨度大，东西跨度较小。

与此同时，满族传统民居建筑院落中一般设有"楼房"，或在两厢，或于院中。"楼房"又称"楼子"，其做法是"柱埋于地，露二尺许，造屋其上"，用于"贮不耐潮湿之物"，[①] 一般用来存放玉米，因此称为"苞米楼子"。吉林地区的满族传统民居建筑多设置有"苞米楼子"。

（七）吉林省满族传统民居建筑的细部装饰特征

民居建筑中细部装饰是一种媒介和符号载体，不仅作为审美体验的对象，也被赋予更多的寓意，默默地反映居住者的生活情趣和理想寄托，成为整座建筑中最充分地表达人类情感的部分，既体现了屋主人"小我"对人生的理解和希冀，也隐含着汉满文化融合的宏大历史叙事。

---

① 万福麟监修，张伯英总纂，崔重庆等整理《黑龙江志稿》卷6，黑龙江人民出版社，1992，第270页。

吉林省满族传统民居建筑的细部装饰主要体现在"三雕"（石刻、木雕、砖雕）和彩画中。其中，砖雕主要分布在屋脊、墀头（盘头和垫花）、山花、搏风和廊心门等处；石刻主要分布在大门抱鼓石、影壁、墀头的下碱和柱础部分；木雕主要集中在雀替、门扇、窗扇处；彩画则主要集中在檐廊、天花和高照板处。

吉林省满族传统民居建筑的细部装饰内容丰富、题材广泛、类目繁多，通过对图形内容的梳理和分析，可将其分为花草树木、祥瑞动物、神仙人物、文字图形、山水建筑、抽象纹饰和博古器物七大类型。

花草树木类包括牡丹、菊花、梅花、兰花、竹子、松柏、柿子、橘子和石榴等形象。祥瑞动物类有燕子、喜鹊、锦鸡、白鹭、蝙蝠、狮子、麒麟等。神仙人物类有天官、书童和书生。文字图形有"双喜""福"等。山水建筑类中除寓意"长寿"的奇石以单独的形象出现外，其他都作为陪衬，起到丰富画面的作用。除此之外，满族传统民居建筑的艺术中，穿插了大量的抽象纹饰，如龙纹、蝠纹、云纹、水纹、万字纹、卷草纹和缠枝纹等，对画面结构的连接起到了重要作用。

在吉林省满族传统民居建筑的细部装饰艺术中，还应用了许多器物类的内容，通过象征、暗喻等手法来体现屋主人的追求和身份。博古器物类主要是以古琴、棋盘、书匣和画轴形象为代表的"四艺图"。除此之外，还有"杂宝"题材，如乌拉街"后府"中就出现了箭筒、宝剑、旌旗等军中器物的形象。寓意"平安"的花瓶出现得也十分频繁，其上的装饰也各具特色，有的雕刻有牡丹花，象征着"富贵平安"，有的装饰辅首衔环图案，取其"趋吉避凶"之意。同时还有法螺、盘长、双鱼、宝瓶等佛教"八吉祥"图案，以及由竹笛、芭蕉扇、花篮、仙剑等道教八仙法器组成的"暗八仙图"等。

二　吉林省乡村满族传统民居建筑特征——以锦江木屋村为例

锦江木屋村位于白山市抚松县漫江镇，地处长白山脉西南麓、头道松花江的上游。

锦江木屋村始建于康熙年间，据传是为康熙皇帝祭拜长白山而进山探路驻扎的兵丁所营造，其后他们世代繁衍生息于斯，距今已有 300 余年历史。据相关史料记载，现存的木屋村建于 1937 年，是长白山区域至今保存最完整的木屋村落，也是东三省自发现木屋村落以来保存最好的满族古木屋建筑群。① 2013 年，锦江木屋村被列入第二批中国传统村落名录；2014 年，其被列入中央财政支持范围的中国传统村落名单。村内现有文物建筑 33 栋（含 2 栋附属建筑设施）、非文物建筑 47 栋。

　　长白山区是满族的发祥地，其独特的自然资源、气候条件和文化背景，孕育出当地独特的民居建筑形态。作为"长白山下第一村"的锦江木屋村，其因势利导的村落布局、原始粗放的建筑材料与建造技艺，充分体现了长白山区满族原始营造文化，为研究满族传统民居建筑的传承、发展和生态适应性提供了具体的例证，被誉为"长白山木文化活化石"。

（一）村落布局

　　锦江木屋村位于东经 127°1′、北纬 41°42′，海拔约 850 米，深处长白山腹地丘陵地带，依山而建，背靠孤顶子山，西有头道松花江，南有锦江，建筑群坐北朝南，体现了村落选址"背山面水、负阴抱阳"的基本原则。

　　锦江木屋村北面的孤顶子山能够为村落抵挡冬季寒冷的西北季风。西面的头道松花江和南面的锦江，在为村落提供丰富水资源的同时，也在夏季为村落带来凉风，形成了舒适、宜人的居住环境。

　　锦江木屋村的空间形态呈"一"字形，整个村落自西南向东北方向延伸，长约 1 千米，建筑物沿山体的走势呈线形分散分布在阳坡山腰处。锦江木屋村的建筑物均采用坐北朝南的朝向，能够使室内获得更多的光照，在冬季增加室内温度。同时，这种因地制宜的村落布局方式，保证建筑均垂直于冬季的主导风向，形成连续的防风界面，是对严寒气候的有效应对。

　　在垂直布局上，锦江木屋村呈现"田—林—村—田—林"的形态（见

---

① 徐强、钟雯、熊芮加：《长白山传统村落——锦江木屋村的保护与传承》，《建筑与文化》2020 年第 3 期。

图1-8）。通过对田林农作物的合理栽植，调整村落周边的山林布局和作物配置，也可实现避风纳阳的功能。周围的植被可涵养水源，又可防止水土流失，减少泥石流等灾害的发生，还可调节气候，同时形成了防风林带，可减弱冬季西北风的风速，抵御冬季寒流，形成弱风的微气候环境，形成了多层次、采光充足的地理优势。[①]

图1-8 锦江木屋村垂直布局形态

资料来源：笔者拍摄。

（二）院落布局

由于锦江木屋村选址在半山腰处，因此房屋建筑顺地势布置，有台地建筑，也有坡地建筑。

锦江木屋村院落由木栅围合，呈现矩形平面布局，主建筑为北侧的居住房屋，附属建筑有"苞米楼子"、牲畜棚和厕所，同时南侧空地作为菜地供居民种植所用，整体布局比较分散，不强调中轴线对称，以满足生活需求为主。

（三）室内布局

锦江木屋村的正房单体建筑多为三间，有的家庭建设有耳房，作为仓

---

① 赵宏宇、姜雄天：《寒冷地区传统村落生态智慧挖掘——以锦江木屋村为例》，《吉林建筑大学学报》2020年第1期。

储空间。三间正房的门开在中间，柱子将平面划分为三部分，柱网跨度约
为 3.6 米。入户为厨房，东西两侧砌有灶台，分别与东西卧室的炕直接相
连，火炕有南北炕和万字炕。部分单体建筑为两间或四间，其门朝向东面
偏间，是满族传统建筑的典型形态之一。

在室内陈设上，有的居室西炕的山墙上会放置长约 600 毫米、宽约
300 毫米的祖宗板。祖宗板上放有祖宗匣，匣内有鹿皮口袋，内放子孙绳，
祖宗板前贴着上有满族剪纸的挂签，下面的柜桌上摆放着香碟。这是满民
族供奉和祭祀祖宗之所，体现了满族人民的家祭习俗和萨满宗教文化。

（四）建筑构造

锦江木屋村内的民居建筑均为"木刻楞"。这是一种用取自长白山重
点原木进行粗略加工，垒垛而成的木屋。其结构类型属于"井干式"。

长白山森林的原木，稍加斧砍锛削修整形状，即成为建造木刻楞的建筑
材料。建造木刻楞时，其承托基地不用石基，而是直接将原木嵌入深约 30
毫米的地槽之中，四周垫以大石，然后层层垒加，垛成围合形态。叠垛时，
在原木顶端砍出凹口，使原木纵横交错、紧紧咬合，从地基至平口根据原木粗
细垒 9 层或 11 层，形成木墙，然后在木墙中间位置的内外两侧各立木柱夹紧。

锦江木屋村的木刻楞房门窗处使用"木蛤蟆"咬合上下层原木，以保
证墙体稳定。木墙顶部架梁，梁多用直径 18 毫米以上的原木，小于 18 毫
米的则用作檩。①

（五）建筑围合

"井干式木楞房适于森林潮湿地带，可以就地取材，防潮抗寒，但缺
点是不防火、易透风，而且木料长度有限。"② 该房屋形式多为我国南方民
居所使用。长白山地区的满族人民创造性地利用泥坯墙，将其与井干式结

---

① 崔景朋：《感知乡土：长白山区传统村落锦江木屋村踏查纪略》，《新疆艺术学院学报》
2019 年第 4 期。
② 罗平、向杰：《云南民居建筑文化的数字化保护研究》，云南大学出版社，2015，第 35 页。

构相结合，保证了房屋保暖、防寒的功能。具体做法是在木刻楞房主体结构垒垛成型后，在木墙的内外两侧用东北特有的乌拉草和黄泥混合成泥浆，分数次涂抹填实，形成的建筑围合墙体具有坚固、耐腐蚀、张力好、抗震和抗寒保暖的特点。

锦江木屋村木刻楞房的屋顶是由木头搭成的悬山式屋顶，斜度约为21°。屋顶采用木质檩条，上铺草或秸秆，用黄泥敷之防水，再铺一层木瓦交错搭接而成（见图 1 - 9）。

图 1 - 9　锦江木屋村木刻楞房

资料来源：笔者拍摄。

木刻楞房使用的"木瓦"，材料选用长白山中的红松、白松、樟子松等落叶松木，具有防虫耐潮的特点，制作时由两人合作完成。首先，要将原木锯成长 500 毫米左右的木段。之后，一人手持刃薄背厚的劈刀，依据树木顺茬的方向按在木段上，另一人用木榔头重击刀背，则一片木片应声而下，成为木瓦。因此制作木瓦的过程又称"打瓦"或"打木瓦"。由于手工砍凿，每片木瓦宽窄不一，一般宽约 53 毫米、长约 190 毫米、厚约30 毫米，表面因劈砍形成凹凸不平的"干沟沟"，结合木材本身的自然沟槽纹路，能够更好地起到排水的作用。

锦江木屋村的窗户窗棂采用小木条制成井字格，南北墙均有开窗，南向窗户较北向窗户大，与城镇民居建筑相同，也是为了采光、取暖之用。同时，保存了"窗户纸糊在外"的满族传统，能够最大限度地保持室内温度。

（六）构筑物

锦江木屋村的主要建筑构筑物是连接在屋侧的木烟囱，满语称"呼兰"，外观保持了整个圆木掏空的原始形态，也是满族传统民居建筑区别于其他地区、其他民族民居建筑物的典型特征之一。

清人阮葵生在其著作《茶余客话》卷13内对满族传统的木烟囱就有记载："呼兰，因木之中空者，刳使直达，截成孤柱，树檐外，引炕烟出之。上覆荆筐，而虚其旁窍以出烟，雨雪不能入。比户皆然。"① 锦江木屋村的木"呼兰"全然保持了这种形式和做法，采用长白山中的"空心倒木"，"刳木为之"，高度在4~5米（见图1-10）。

图1-10　锦江木屋村木"呼兰"

资料来源：笔者拍摄。

---

① 阮葵生：《茶余客话》，李保民校点，上海古籍出版社，2012。

木"呼兰"的制作过程有选木、捅木、烧木、催烟、降温、灌浆等环节，经过加工的木"呼兰"被立于木刻楞房屋檐外，能保持几十年而不朽。

先秦两汉时期，满族先民肃慎人和挹娄人的民居住宅是"穴居"。《后汉书·挹娄传》中记载："挹娄，古肃慎之国也。……处于山林之间，土气极寒，常为穴居，以深为贵，大家至接九梯。"《晋书·肃慎氏传》记载："肃慎氏一名挹娄……居深山穷谷，其路险阻，车马不通。夏则巢居，冬则穴处。"

魏晋南北朝时期，满族称"勿吉"，这一时期该民族仍然处于穴居阶段。《魏书·勿吉传》记载："其地下湿，筑城穴居，屋形似冢，开口于上，以梯出入。"

隋唐时期，满族先民靺鞨人的住宅转变成半穴居形式，形似冢，开口向上，用于出入。《旧唐书·靺鞨传》记载，靺鞨"无屋宇，并依山水掘地为穴，架木于上，以土覆之……夏则出随水草"。《新唐书·黑水靺鞨传》记载，靺鞨人"居无室庐，负山水坎地，梁木其上，覆以土，如丘冢然"。

到了 10 世纪末，女真人开始有栋宇之制，开启了"地上居"的阶段。《金史·献祖本纪》记载，女真人"乃徙居海古水，耕垦树艺，始筑室，有栋宇之制，人呼其地为纳葛里。'纳葛里'者，汉语居室也"。《三朝北盟会编》更是详细记载了当时女真人的居所："其俗依山谷而居，联木为栅，屋高数尺，无瓦，覆以木板，或以桦皮，或以草绸缪之。墙垣篱壁，率皆以木，门皆东向。环屋为土床，炽火其下，相与寝食起居其上，谓之炕，以取其暖。"[1]《大金国志》内也有相似记载，曰女真人"其居多依山谷，联木为栅，或覆以板与桦皮如墙壁，亦以木为之。冬极寒，屋才高数尺，独开东南一扉。扉既掩，复以草绸缪塞之。穿土为床，煴火其下，而寝食起居其上"。[2]

由此可见，辽金时期的女真人的民居建筑具有以下特点：（1）多建于山谷中背风向阳之处；（2）院落及墙壁皆由竖立的木干联结排成；（3）屋

---

①　徐梦华：《三朝北盟会编》卷 3，台湾：大化书局，1979，第 22 页。
②　宇文懋昭：《大金国志》卷 40，两江总督采进本。

顶无瓦,用木板、桦树皮或草覆盖;(4)门皆东向或东南向;(5)屋内环设南、西、北三面"万"字火炕,起居日常皆于其上。这与今天我们看到的锦江木屋村可谓完全一致。置身于锦江木屋村中,仿佛消弭了时间的界限,看到了千百年前,满族先民面对生活环境生发出的因势利导、因地制宜的建筑智慧。锦江木屋村是今天我们了解满族传统文化的一个窗口。

三　吉林省城镇满族传统民居建筑与乡村满族传统民居建筑的比较分析

(一)不同之处

从建筑材料的选择来看,吉林省城镇满族传统民居建筑采用的是统一烧制的青砖(约为9毫米×55毫米×2毫米)、小青瓦(约为5毫米×6毫米,梯形),烟囱和围墙也多为砖砌;而乡村民居建筑则多为泥坯草房(见图1-11),漫江地区的锦江木屋村则保存了较为原始的长白山满族木屋建造技艺,全村皆是木刻楞房。

图1-11　辽宁新宾地区的满族乡村传统民居建筑

资料来源:笔者拍摄。

从梁架结构来看,城镇的满族传统民居建筑均为抬梁式建筑;而在走访踏查中,乡村的一般性民居建筑也为抬梁式,与建筑遗产的梁架结构相同,如乌拉街地区以及辽宁新宾地区,但在锦江木屋村还保留了较为原始的井干式结构。

从屋顶形态来看,城镇的满族传统民居建筑皆采用硬山屋顶,上用小青瓦仰面布置;在乡村中,部分建筑围合墙体虽为土坯墙,但顶面也采用青瓦屋顶。此外,锦江木屋村的民居建筑采用的是木瓦,屋顶形态为悬山顶,且屋顶高度没有城镇民居建筑高,坡度在21°左右。这种屋顶形态与城镇建筑之间的差别,主要与其屋顶采用的结构方式和建筑材料尺寸有关。

从院落布局来看,城镇的满族传统民居建筑一般为合院,普通建筑为三合院,稍微有点规模的建筑,尤其是建筑遗产则为四合院,甚至是两进四合院;普通的乡村满族民居建筑则以正房为主体自由布局,与锦江木屋村的院落布局方式相同,院内一般设置有牲畜棚、"苞米楼子"等。

从烟囱来看,城镇的满族传统民居建筑一般采用砖砌,体量巨大,受限于建筑材料青砖,横截面呈方形,沈阳故宫中也有相关遗存(见图1-12);乡村的满族传统民居建筑则多为土坯夯就,保持了圆锥体;锦江木屋村的建筑则采用了传统的空心木作为烟囱。

图1-12 沈阳故宫中的"跨海烟囱"

资料来源:笔者拍摄。

从墙体建造方式来看，城镇中的满族传统民居建筑采用的是青砖砌筑，而乡村住房的外墙多采用土坯墙的形式，锦江木屋村采用的就是土坯墙的形式。

（二）相同之处

满民族至辽金时期才进入结庐而居时代。虽然还处于草创阶段，但已经由穴居、半穴居演变为"地上居"的形式。到了明朝初年，女真人的居室已有了明显的进步，借鉴了汉民族的建筑手法，其房屋形制也产生了较大的变化。

朝鲜人李民寏作为幕僚跟随朝鲜军队参加明朝对后金的战争，战败被囚，获释后回到朝鲜，将其见闻作成《建州闻见录》，其中记载了当时建州女真的居室建筑。当时的女真人，"窝舍之制，覆以女瓦，柱皆插地，门必向南，四隅筑东西南面，皆辟大窗户。四壁之下皆设长炕，绝无遮隔，主仆男女混处其中。卒胡之家，盖草覆土，而制则一样。无官府郡邑之制"。①

清人方拱乾所撰风土记《绝域纪略》中记载，女真人"即樵以架，屋贯以绳，覆以茅，列木为墙，而墐以土，必向南，迎阳也。户枢外而内不健，避风也。室必三炕，南曰主，西曰客，北曰奴。牛马羊鸡犬，与主伯亚旅，共寝处一室焉。近则渐分别矣，渐障之成内外矣。渐有牖可以临窗坐矣。渐有庑庐矣，有小室焉。下树高栅曰楼子，以贮衣皮。无栅槛而隰者曰哈实，以贮豆黍"。② 能够看到，女真人的这些居住民俗，或曰民居文化和特点，多被后世满族人承袭，并成为满族传统民居建筑的代表性特征。因此，从建筑"原型"的角度来看，无论是城镇还是乡村的满族传统民居建筑均保持了"口袋房、万字炕、烟囱伫在地面上"的典型特征。

同时，吉林省城镇和乡村的满族传统民居建筑最大的相似之处还在于

---

① 〔朝〕李民寏：《建州闻见录》，《紫岩集》，朝鲜荣井斋舍刻本。
② 方拱乾：《绝域纪略》，康熙元年（1662）。

对满族传统建筑营造意匠的继承和延续。

《三朝北盟会编》载："其俗依山谷而居，联木为栅。屋高数尺，无瓦，覆以木板，或以桦皮，或以草绸缪之。墙垣篱壁，率皆以木，门皆东向。环屋为土床，煴火其下，与寝食起居其上，谓之炕，以取其暖。"① 木屋、土炕、门东向以及外有藩篱，为当时女真房屋建筑的主要特征，而无论是城镇的满族大型传统民居建筑，还是乡村的小型建筑，尤其是锦江木屋村的木屋建筑，都可从中看到满族先民的这种营建智慧。

与此同时，在历史发展中，满民族及其先民在选址和迁徙时，一直逐水而居，从女真各部整个迁徙过程可见一斑。现保存较为完整的乌拉街建筑群的布局以及锦江木屋村的村落选址仍然延续了这种思路，对研究满族传统建筑的历史流变和形态特征具有重要意义。

满族居住之处属温带大陆性季风半湿润气候，春季干燥多风，夏季温凉短暂，秋季清凉多雾，冬季寒冷漫长，盛行西北风。因此，满族传统民居建筑的营建十分注重保暖。无论是城镇民居还是乡村民居，都采用火炕、糊棚、窗户纸、南窗、墙体等多重元素来保暖。

满族是最早发明和使用火炕的原始民族之一，其历史至少可以追溯到隋唐时期，"在他们的房址中，不仅发现了最古老的火炕，而且还可以看出这种设施产生与发展的所有阶段"。② 作为满族传统民居建筑中最主要的采暖设施，火炕利用煤炭或者木柴的燃烧产生热量，满足了东北地区冬季取暖的需要。而满族传统民居建筑中创造性地使用了"南、西、北"环屋相连的"万字炕"形式，增大了室内供暖设施的表面积，更好地发挥了火炕的供暖效用。

同时，为了与"万字炕"所产生的大量排烟相适应，满族传统民居建筑中设计了高度过檐、体量庞大的"跨海烟囱"。"跨海烟囱"伫立于地面之上，与房屋之间留有一段距离，由烟道相连，能有效避免浓烟和热气经

---

① 徐梦华：《三朝北盟会编》卷 3，台湾：大化书局，1979，第 22 页。

② 〔苏〕Е·И·杰烈维扬科：《黑龙江沿岸的部落》，林树山、姚凤译，林沄校，吉林文史出版社，1987，第 116 页。

过时火灾的发生，构成了满族传统民居建筑独树一帜、高效安全的取暖手段。

满族传统民居建筑的墙壁厚度在400~500毫米，与其高大、耸立的屋顶结合能够有效隔绝北方冬季冷空气的侵袭。同时，为了进一步减少室内热耗，满族传统民居建筑的天棚大多选择全部封闭的形式，即于大梁间吊起均匀分布的方木条，其上放置苇席或裱糊墙纸。而窗户上也会用高丽纸等糊上“窗户纸”，进一步起到室内保暖的作用。

在阻止冷空气流通方面，满族传统民居建筑采用了“仅南面开窗，北面开小窗或完全封闭，东、西不开窗”的立面形态，充分体现了其以保暖为主的空间围合特征。

而因地制宜的建筑材料获取和“经济实用”的地方做法，也是满族传统民居建筑营造意匠的重要特点。

满族传统民居建筑长于因地制宜地进行材料选择，其材料语言多为生土材料，如木材、石材、土坯等。木材是中国传统建筑中使用最多的材料，是一种无污染、易加工装配、可再生、抗震性能极佳、具有较好生态性能的材料。早在穴居时代，满族先民靺鞨氏就“依山水掘地为穴，架木于上，以土覆之”（《旧唐书·靺鞨传》）。及至辽、金时期，女真人则“依山谷而居，联木为栅。屋高数尺，无瓦，覆以木板，或以桦皮，或以草绸缪之。墙垣篱壁，率皆以木，门皆东向”，[①] 体现了满民族利用地域自然资源、因地制宜的材料选择倾向。至今留存的满族传统民居建筑中仍然有大量原始形态的木构建筑，如用随处可见的树枝、树皮等材料简易搭建而成的“楼子”“撮罗子”等储物和临时休息建筑，尤其是锦江木屋村的木刻楞房，正是满族人民使用木材的源远历史的具体呈现，镌刻着其祖先在东北广袤的山林之间与自然相斗争并最终走向和谐共处的原始记忆。而其以木梁、木柱等为导力构件的“抬梁式”梁架结构以及门、窗、栅栏、雕刻等建筑细部，则彰显了其营造技艺虽已发生了由低级到高级的

① 徐梦华：《三朝北盟会编》卷3，台湾：大化书局，1979，第22页。

质的飞跃，但植根于地域森林资源，并且因地制宜地使用木材作为建筑材料的特征仍然得以留存，并持续塑造着满族传统民居建筑的地方精神，与土坯、石块、茅草等生土材料，共同展现了其独特的生态适应性特征。

满族先民自舜、禹时代起，就与中原地区建立了联系。西周时期"肃慎"为周代"北土"，曾向其进献"楛矢石砮"。在与中原文化的长期交流与相互浸染中，满民族逐渐习得了汉族高超的营造技艺，但在地方做法上却简化出了一种更为实用、经济的营造意匠。在梁架结构上，满族传统民居建筑创造性地借鉴了汉族的抬梁式梁架结构，形成了其独特的"五檩三枓"式、"五檩五枓"式、"六檩六枓"式梁架。

"五檩三枓"式是满族小型住宅中常用的梁架形式。其做法是在大梁中部设大脊瓜柱，拉伸大梁以保持稳定。由于小型住宅屋顶较小而无脊，直通脊檩的大脊瓜柱足以承托房檐的重量，所以此种做法在金瓜柱上减少了"枓"，只设置单檩。

而在满族大型民居建筑中，由于屋顶起脊，正脊和垂脊带有装饰，面阔和举架的尺寸也较大，继续采用"五檩三枓"式难以承担整个屋顶的重量，因此采用了"五檩五枓"式的做法，即通过在金瓜柱上设"三架梁"，分担"五架梁"（大梁）过于集中的负荷。但其中所谓"三架梁"并非一个整体，而是由两个单独的小横栌组成，大脊瓜柱由中间贯穿二者。对于需要加设前廊的满族传统民居建筑，则采用"六檩六枓"式。其做法是在"五架梁"的基础上，通过檐墙后移，用在老檐柱上设置垫墩"加穿插梁"的方式来产生前廊。

这几种梁架形式与汉族传统住宅相比，减少了大型栌材的使用，在减少建筑材料消耗量的基础上，充分发挥建材效用，是一种能动的创造。而在梁架构造上，与汉族传统民居建筑"檩—垫板—枋"构造不同，满族传统民居建筑在"檩"与"枋"之间取消了"垫板"，创造性地发展出"双檩"形式，不仅具备了"檩枋"构造在力的传导上的优势，也在客观上减少了对树木的采伐需求。在墙体砌筑的方式上，满族传统民居建筑的外墙体一般以"丝缝"或"干摆"的方式砌筑，而室内则使用土坯涂抹墙面，形成"外砖里坯"的形态。同时，为了减少青砖的使用量，部分民居建筑的山墙还会搭配虎皮石。而满族传统民居建筑中"仰瓦"的铺瓦方式，同样大幅减少了瓦片的用量，是一种经济性的环保选择。

这种"经济实用"的地方做法，在锦江木屋村民居建筑上体现得更加具体：采用从山中择取的原木，就便处理，叠垛成室，保留建筑材料的原始形态，不进行精细加工，以最大限度地发挥物料效用。这一处理方式，也是这种经济、实用的营造语言的具体体现，与城镇满族传统民居一同，体现了满族传统营建意匠的传承。

在审美语言方面，汉族传统建筑或空灵秀丽，或富丽堂皇。与之相比，满族传统民居建筑体现出了一种朴素、庄重的审美倾向。满族传统民居建筑造型多以直线条为主，整体色彩质朴、单一，无论官宦人家抑或普通民宅，均不繁雕梁画栋之事，保持了青砖、布瓦、土坯、石材等建筑构件的原始颜色，为建筑蒙上一层庄重、沉稳的质感。这种审美倾向投射至其细部装饰上，则呈现了强烈的现实主义风格。以其"三雕"艺术为例，表现内容也多为桃子、松柏、菊花、牡丹、鸡、喜鹊、鹿等东北地区的常见之物，刻画手法也追求逼真再现。

与此同时，城镇与乡村的满族传统民居建筑中，还保留了浓厚的宗教印记。影响了其内檐装修和平面布局。在内檐装修上，满族传统民居建筑的西墙上设有"祖宗板"，其上放置有"祖宗匣子"，有的族户还设立家神案，与祖先神龛并列于西墙。① 而西屋也正因为承担了家祭的功能，空间设置较大，产生了向东偏间，一般三间房在最东面一间开门，五间房在东起第二间开门，进而形成"口袋房"的室内平面格局特征。

在院落布局中，正门的正对面设置有满族祭天所用索伦杆，是其原始萨满信仰的重要外显载体和典仪器物。满族原始宗教为萨满教，萨满教中"西方"是太阳、灵魂休憩和再生的方位，满族人不仅在生时崇尚"西"这个具有深邃文化内涵的神圣方位，而且在丧葬习俗中也是"尚西"的。

---

① 孟慧英：《中国北方民族萨满教》，社会科学文献出版社，2000，第288页。

所以满族先民把西方这个既象征死亡又代表复生的方位作为其祖先崇拜的神圣方位。① 这解释了其与汉族"以东为贵"思想相抵牾的"尚西"之传统，并深刻影响了满族传统民居建筑内檐装修和空间布局的形态语言，使西屋成为其室内空间布局中的重要位置，西屋的格局也由此改变，进而影响了院落布局的序列。

锦江木屋村村落营建文化反映了村民长期以来对生产生活经验的总结，保留了大量形式古朴、内涵厚重的历史信息与文化信息，是传统村落延续和发展的精神源泉。尽管在形态上，其与城镇中的建筑遗产有些许差别，但是与外观相比，其营建意匠更能代表满族传统建筑的文化传承。因此，这些传统建筑中蕴含的流传久远的满民族营建智慧和精神追求，是更加宝贵的文化遗产，有助于研究满族传统建筑的流变，也有助于传统建筑村落的多样性保护，是中华文化长盛不衰、血脉相传的根本保证。

第三节　吉林省满族传统礼制、寺庙建筑遗产特征

一　吉林省满族传统礼制建筑遗产

（一）礼制建筑定义

礼制建筑，"是指《仪礼》上所需要的建筑物或者建筑设置，再或者是'礼部'本身的所属建筑物。例如为'祭祀'而设的郊丘、宗庙、社稷，为宣传教育（教化）而设的明堂、辟雍、学校等就均属'礼制建筑'之列"。② 列入国家祭典的文庙就属于礼制建筑。

清朝统治者为了消除满汉隔阂、维护统治阶级利益，致力于崇儒尊孔方面的工作。作为清统治者御批建立在关外"龙兴之地"的礼制宗庙，吉林文庙在借鉴关内孔庙形式的基础上，又呈现了独特的满族传统建筑特

---

① 赫亚红：《满族民居的尚西习俗》，《吉林日报》2008 年 11 月 27 日，第 14 版。
② 李允鉌：《华夏意匠——中国古典建筑设计原理分析》，天津大学出版社，2005，第 100 页。

征，为当下见证满族传统建筑遗产的多样化留下了宝贵遗产。

（二）吉林文庙建筑特征

1. 布局

从历史演进来看，我国文庙建筑的布局，经历了一个"由小到大，由阙里到京城再到地方"的过程，文庙建筑群布局形态的最终定型大约是在明代。同其他中国古代建筑的院落布局一样，文庙采用沿中轴线、两侧对称的方式。吉林文庙是在走访关内各地文庙的基础上重修扩建的，亦采用该种布局方式。

吉林文庙坐北朝南，由南至北依次为照壁、泮池、状元桥、棂星门、大成门、大成殿和崇圣殿。主体建筑大成门、大成殿、崇圣殿坐落在一条纵轴线上，两侧辅助性建筑对称排列，文庙四周有 3 米高的红墙环绕。

2. 院落组织

自唐以后，各地孔庙均以曲阜孔庙建筑群为基本模式，其院落组织礼制必须低于曲阜孔庙。曲阜孔庙作为孔子家庙，享有孔庙礼制的最高规格，为九进院落。地方孔庙则普遍采用三进院落，一般正门或照壁至大成门为第一进，大成门至大成殿为第二进，大成殿至崇圣殿为第三进。

吉林文庙也采用此种院落组织形式，为三进院落。一进院落由照壁和大成门围合，二进院落由大成门和大成殿围合，三进院落由大成殿起至崇圣殿止。

在院落组织中，还有按照礼制要求进行布置的建筑元素，如一进院落中的泮池、状元桥、棂星门等，富有象征意义，也发挥着礼器的作用。

3. 建筑形制

我国文庙的建筑形制强调按照礼制进行等级划分，府州县文庙大成殿的开间一般不会超过七间。府文庙的盖瓦为琉璃瓦，县文庙采用琉璃瓦或者青筒瓦。其屋顶式样为重檐歇山式、单檐歇山式，也有为数不多的硬山式，一般没有严格限制，可依据地方经济实力和地方官员对儒家文化的重视程度在此范围内变化。

吉林文庙建设时期，正值我国古建筑发展到最成熟的时期，清统治者此时也将祭孔与祭天地、太庙、社稷一样升为大祀，因此整个吉林文庙红墙黄瓦、殿宇轩昂、富丽堂皇，建筑等级较高。吉林文庙大成殿面阔 11 间，东西长 36 米，南北宽 25 米，高 19.64 米。屋顶采用重檐歇山顶，屋顶铺设琉璃瓦，"主脊正面有九条龙，背面有九只凤……是全国唯一的一个高浮雕式龙凤脊"，① 整个建筑雕梁画栋、金碧辉煌。但配殿和辕门等附属建筑仍保留了满族传统建筑的硬山仰瓦顶。

4. 梁架结构

吉林文庙主体建筑大成殿采用的是中国传统建筑中的抬梁式木结构。抬梁式结构的基本做法是在立柱上加横梁，横梁上面再立柱，通过柱顶梁、梁托檩构建起房屋。

5. 装饰

大成殿的彩绘华丽、高级，为墨线大点子金旋子彩绘。枋心部分龙锦交替，找头为一整二破的旋子图案，各大线与旋子、栀花为墨线。旋眼、花心、菱地皆沥粉并贴 24K 金箔，整座大殿被衬托得金碧辉煌。②

斗拱是大型建筑中不可缺少的组成部分。进入清代，斗拱的装饰意义更高于其功能意义，极尽华美。吉林文庙的大成殿上采用的为九踩斗拱，是斗拱中的最高等级。

通过对吉林文庙的建筑特征分析，可见长期在渔猎游牧文化影响下的东北地区，其传统建筑一直保持着浓厚的民族意味，同时也将儒家文化思想和礼制建筑文化融入其中。吉林地区文庙营建早期历经雍正时期"立庙设学"之争。直至乾隆七年（1742），永吉州文庙建成，标示着清朝统治者对儒学态度的一种深层转换，使儒家的"文治"与八旗之"武功"得以

---

① 良辰：《东北文脉之源——吉林文庙》，《文化月刊》2014 年第 28 期。
② 李晨楠：《浅析吉林文庙建筑布局风格》，《科技资讯》2015 年第 3 期。

有机融汇，也标示着在清朝统治者的心目中，儒学由"术"至"道"的一种内在体认转变。① 可以说，吉林文庙见证了满民族融入中华民族共同体的这一历史过程。

二 吉林省满族传统寺庙建筑遗产

本书研究的吉林省满族传统寺庙建筑遗产有乌拉街清真寺、蜂蜜清真寺、观音古刹、北山寺庙群和龙潭山寺庙群，全部分布在吉林市，占本书研究的吉林省满族传统建筑遗产总数的50%。其中2处为清真寺建筑，1处为佛教寺庙，2处为宗教建筑群。宗教建筑群中包含关帝崇拜、佛教崇拜、道家崇拜和民间药王崇拜，都是佛、道、儒、俗诸神佛和满族等北方民族信仰的萨满教杂糅共祀。②

吉林省满族传统寺庙建筑遗产，在建筑布局、建筑形制、构建材料等方面具有一定的相似性，均保留了满族传统建筑的外观形态特征、布局特征、选址特征以及山地高台建筑遗留。

从外观来看，吉林省满族传统寺庙建筑遗产，无论是佛教、道教的建筑，还是民间信仰的寺庙，其配殿的屋顶均保留了民居建筑的硬山仰瓦形态。两所清真寺的正殿采用了等级较高的歇山带吻正脊，形制上增加了抱厦，但仍保留了仰瓦铺设的形态。寺庙群中，信众较多的寺庙，其建筑规格也较高，其余如胡仙殿、药王庙等则采用了较低等级的硬山仰瓦屋顶，与民居形制无异（见表1-4、图1-13至图1-18）。其宗教属性的区分主要来自建筑细部与附属建筑，如"三雕"艺术、彩画艺术、宝顶、塔楼等，但建筑中也有传统民居的一些元素，如乌拉街清真寺木雕艺术中的博古架题材等。

---

① 刘晓东：《"术"与"道"：清王朝儒学接受的变容——以吉林文庙的设立为中心》，《中国边疆史地研究》2014年第3期。
② 付宝仁：《从北山古寺庙群的供祀格局看吉林地区满汉交融的宗教、文化特色》，《东北史地》2008年第3期。

表 1 - 4　吉林省满族传统寺庙建筑遗产屋顶形态特征

序号	建筑物	屋顶形态
1	观音古刹主殿	硬山仰瓦带吻正脊
2	蜂蜜清真寺正殿	歇山仰瓦带吻正脊
3	龙潭山寺庙群山门	硬山仰瓦蝎子尾脊
4	龙潭山寺庙群龙王庙正殿	硬山
5	龙潭山寺庙群关帝庙正殿	硬山
6	龙潭山寺庙群观音堂正殿	庑殿顶
7	北山寺庙群药王庙正殿	硬山仰瓦纹头脊
8	北山寺庙群坎离宫正殿	硬山仰瓦清水脊
9	北山寺庙群关帝庙各殿	硬山仰瓦带吻正脊
10	北山寺庙群玉皇阁朵云殿	歇山带吻正脊

资料来源：笔者自制。

图 1 - 13　乌拉街清真寺

资料来源：笔者拍摄。

图 1 - 14　乌拉街清真寺鸱吻

资料来源：笔者拍摄。

图 1 - 15　蜂蜜清真寺屋顶

资料来源：笔者拍摄。

图 1 – 16 龙潭山寺庙群龙凤寺山门

资料来源：笔者拍摄。

图 1 – 17 北山寺庙群药王庙

资料来源：笔者拍摄。

图 1 – 18　北山寺庙群玉皇阁朵云殿
资料来源：笔者拍摄。

在布局上，吉林省满族传统寺庙建筑的布局分为合院式布局和纵轴线式布局。其中，佛教和道教建筑采用了纵轴线式布局，而清真寺和民间信仰寺庙则采用合院式布局的形式，这与佛教和道教的布局定型有一定关系。

在选址上，乌拉街清真寺、蜂蜜清真寺、观音古刹为平地建筑，两处寺庙建筑群为山地高台建筑。吉林省满族传统寺庙建筑群依托山地布置，和山体浑然结合，在高台处建楼阁，继承和发扬了满族先民高台建筑的营建意匠。

总而言之，吉林地区的寺庙建筑，在细节的处理上有更多的随意性，特别是关帝庙等民间信仰寺庙建筑和清真寺建筑，将不同文化、不同风格的建筑融合，形成地区独特的建筑风格体系，是满族萨满文化与中原汉族民间风俗文化和佛、道、儒三教融合的产物。

第四节　满族传统建筑特征成因

一地之民居建筑的产生，总不可避免地打上地区自然与文化语境的烙印，形成其独特的地域化设计语言，如福建的土楼、陕西的窑洞、徽州地区的徽派建筑等。满族发源于白山黑水之间，其民居经历早期的"地穴"、"半地穴"和"巢居"逐渐演变成"地上居"的形式，并最终形成以"口袋房、万字炕、烟囱伫在地面上"为典型特征的传统民居建筑原型，其中既凝聚了满族人民面对东北地区特殊的自然环境做出能动选择和营造的智慧，也包含了满民族生产方式、宗教信仰、民族认同等多重人文元素的规训，在辽阔、广袤的东北大地上展现了独特的建筑特征和设计语汇，是满民族文化的重要载体和建筑艺术的瑰宝。借由此地域化设计语言，重新审视满族传统建筑艺术，探寻其产生的多重语境，对深入认识满族传统建筑，探究满族传统民居建筑形成、发展的内在规律及文化内涵具有重要的意义。

一　自然因素影响下的满族传统民居建筑特色

正如梁思成先生所言，"建筑之始，产生于实际需要，受制于自然物理，非着意创造形式，更无所谓派别。其结构之系统，及形式之派别，乃其材料环境所形成"。[①] 一地之民居建筑的产生，总是首先建立在与当地自然地理、气候环境相适应的基础上的。东北地区冬季恶劣的自然环境和丰富的物产，为满族传统民居建筑产生和形成提供了重要的自然语境。

（一）气候条件的影响

满族，自先秦时就有记载，称"肃慎"，生活在长白山以北，黑龙江、乌苏里江流域的广大地区。其后逐渐南迁，至入关前，时称"女真"各部分居于现吉林、辽宁和黑龙江各地。其中"海西女真"分布于开原边外辉发河流域，北至松花江中游大屈折处；"建州女真"分布于抚顺以东，东达长白山东北麓，南抵鸭绿江边；而"野人女真"则分布于松花江中下游至黑龙江流域。

---

① 梁思成：《中国建筑史》，台湾：大化书局，1979，第13页。

东北地区纬度较高，大部分处于中温带，少部分处于寒温带和暖温带，属于温带季风性气候，冬季寒冷漫长，结冰期可达五个月，最低气温约零下 40℃。

严酷的冬季气候使满族传统民居建筑在取暖和保暖的设计上具有独到之处，火炕的发明即是其一。而为了与火炕的排烟相协调，满族人民创造了体量巨大的"跨海烟囱"。

充分利用光照被动采暖也是满族传统民居建筑中一种常用的手段。满族传统建筑多采用坐北朝南的建筑方位，还有宽敞的院落，互不遮蔽的正房、厢房和南面尺寸巨大的窗户，都使房间拥有更多的阳光照射，提高了室内温度。

而为了减少室内热耗，满族传统民居形成了北面开小窗或完全封闭的样式。同时，高大、厚重的屋顶，全封闭的天棚，窗户纸以及厚实的墙体，也为更好地保持室内温度发挥着重要作用。

东北地区冬季降雪量大，蒸发少，因而满族传统民居建筑在进行屋顶设计时，尺寸较关内地区大，坡度也更大，屋顶更陡峭。这是因为高大、耸立的屋顶有利于积雪从房顶滑落，免致压塌建筑物。而"仰瓦"的布瓦形式，在技术上保证了冬季大雪融化时建筑物的防水性能和瓦面的牢固性。同时，为了有效地承托大屋顶所带来的压力，满族传统民居建筑中创造性地使用了"双檩"的梁架结构。

（二） 自然资源的影响

东北地区丰富的森林资源为满族传统民居建筑的取材提供了充沛的选择。而木材易获、易取、易加工的特点使其成为满族早期住宅的常用建筑材料。《旧唐书·靺鞨传》就有记载，满族"依山水掘地为穴，架木于上，以土覆之"。

满族传统民居建筑的营造技艺后期经过由低级到高级的不断发展，却始终保持了大量使用木材的传统，如抬梁式的梁架结构、索伦杆、"楼子"等储物设施以及内檐装修等，均体现了自然资源对民居建筑的重要影响。

二　生产方式影响下的满族传统民居建筑艺术

在入关前，满族主要社会经济来源为采集、狩猎和商业，[①] 因此需要大量储物空间，用以存放剩余的兽肉或待交换的皮张等，而满族传统民居建筑中配备的仓房、"楼房"等，也正是源自其早期生产方式下的贮物习俗。

在努尔哈赤进入辽沈地区之后，农业逐渐成为满族社会经济的首要来源，仓房、"楼子"等储物空间也多用来盛放粮食作物。

三　文化因素影响下的满族传统民居建筑艺术

（一）　生态观念的影响

我国古人在先秦时期就形成了"天人合一"的观念。庄子在《齐物论》中提到"天地与我并生，而万物与我为一"。这种思想"主要来源于人类早期对于自然规律的朴素观照"。[②] 满族先民在改造自然的过程中，也通过对自然有理、有节的利用，逐渐形成了一种自发而朴素的生态理念，体现在满族传统民居建筑的艺术特征中。

例如，满族传统民居建筑中梁架结构的"双檩"形式，不仅具备了"檩枋"构造在力的传导上的优势，也在客观上减少了对物料的采伐和需求；而"仰瓦"的形式，同样大幅减少了瓦片的用量，是一种经济性的环保选择。

同时，满族在传统民居建筑中还善于大量使用木料、土坯、石块等生土材料，如利用当地的石料砌筑虎皮墙、利用空心树制作烟囱等。被动取暖的方式也反映了满族在传统民居建筑中善于利用生态方法来提高建筑效用的朴素生态观。

---

① 姜相顺：《满族史论集》，辽宁民族出版社，1999，第1页。
② 李世明：《中国古代造园思想在现代景观设计中的应用》，《美术教育研究》2017年第3期，第97页。

（二） 宗法观念的影响

满族发展为"地上居"后，形成以"合院"形式为基本组织单位的传统民居建筑秩序，但其早期的院落建筑布局并不十分对称。《建州纪程图记》中记载了努尔哈赤（奴酋）和其弟舒尔哈齐（小酋）之住宅，可见早期满族传统合院布局并无章法，但其伦理秩序仍然井然，长幼、尊卑有序。

及至沈阳故宫兴建之际，其院落布局也有些松散，乾隆增改后，才逐渐呈现规整的中轴线格局，这与入关后清统治者对儒家思想、宗法观念的认同和吸收有着重要的关系。发展后的满族传统民居建筑院落沿中轴线对称分布，形成前后有序的院落组织结构。长辈居住在正房，子女居住在厢房；长辈居南炕，晚辈居北炕。而满族有"尚西"之传统，所以长辈居住在西屋。

（三） 宗教信仰的影响

满民族信仰的原始宗教为萨满教，其起源于原始社会先民与自然的相互依存与斗争。萨满教的主要宗教活动为家祭，包括祭祖、祭杆子等祭项，对满族传统民居建筑的形态产生了重要影响。

满族传统民居建筑的西墙上设有"祖宗板"，其上放置有"祖宗匣子"，匣内就是代表祖先神的偶像或梭利条。祭祖时将其取出，悬挂于西墙上，举行祭拜。有的族户还设立家神案，与祖先神龛并列于西墙。[①] 而西屋也正因为承担了家祭的功能，空间设置较大，产生了向东偏间，进而形成"口袋房"的格局。

满族传统民居建筑院落中设置的索伦杆，则与萨满教祭天活动有关。祭天，也称"院祭"或"祭神杆"，是带有还愿性质的祈佑活动。立于院内的索伦杆在祭天仪式中代表神位，因而成为满族传统民居建筑中的重要

---

① 孟慧英：《中国北方民族萨满教》，社会科学文献出版社，2000，第288页。

内容。而索伦杆本身也带有深刻的文化底蕴，《钦定大清会典事例》卷 893 中记载："向例留树梢枝叶十有三层，今留校叶九层。"可见，神杆最早又叫神树，曾留枝叶十三层。"九层"为九层天，汉族以九层天为最高。可能满族原以十三层为天之最高处，入关后受汉族影响而发生变化，反映在堂子神树所留枝叶层数上。

（四）审美观念的影响

满民族是一个务实的民族，十分重视实用性，在这种价值观念的影响下，其形成了独特的现实主义审美观，表现在其传统民居建筑上，则是粗犷朴实、经济实用的艺术风格。

满族传统民居建筑不重视装饰，建筑线条直接、简洁，颜色朴素、单一。在建筑材料的选择上，主张因地制宜。其地方做法也粗犷、简朴，多保留其原始形态，不进行精细加工，主张最大限度地发挥其效用，如夯土墙、虎皮石墙的使用以及梁、檩等木构件的制作方法等。

这种现实主义的审美观也反映在其建筑细部装饰上。"三雕"艺术和彩画的题材完全是对地方日常生产生活的反映，其内容多为桃子、松柏、菊花、牡丹、鸡、喜鹊、鹿等东北地区常见之物。

（五）民族认同

"民族认同，是指一个民族的成员相互之间包含着情感和态度的一种特殊认知，是将他人和自我认知为同一民族的成员的认识"，[①] 它是一个民族的灵魂所在和精神基础。任何一个民族，都需要借由共同祖先、共同文化和共同栖息繁衍的区域来定义自身、找到归属，满族传统民居建筑的地域化设计语言正是满民族强化民族认同的重要表达。

满族传统民居建筑是在学习和吸纳周边民族，特别是汉民族营造技艺的基础上产生和发展起来的。由于早期满族社会生产力水平低下，又受到

---

① 　王建民：《民族认同浅议》，《中央民族学院学报》1991 年第 2 期，第 56 页。

自然环境条件、宗教信仰、价值观念、传统习俗等多方面因素的影响，其营造意匠和营建技艺皆保留了原始民族质朴的拙趣。

然而，自公元 10 世纪满民族开始"地上居"至今，历经千余年，其社会、经济形态早已发生了翻天覆地的变化，但满族传统民居建筑以"仰瓦、跨海烟囱、口袋房、万字炕"为主要特征的形态却固定下来，继续在广袤的北国大地熠熠生辉，其中蕴藏的是满族人民对自身文化的强烈归属意识。

以吉林省乌拉街镇为例，那高大、挺拔、庄严的"三府"建筑，曾分属两任正三品打牲乌拉总管和一任归乡官宦，应可极尽华美、精致，却依旧保持了满族传统民居朴素、雄浑的建筑风貌和经济、实用的地方做法，与东北自然环境交相呼应，静默地记述着满民族建筑形成、发展和演变的历史一隅以及其隽永、深刻的文化内涵。

在满族传统民居建筑漫长的演变历史进程中，满族人民在特殊的自然地理环境下，充分地借鉴了周边民族传统住宅的形态与营造技艺，并结合自身生产、生活的实际需要，逐渐形成、发展了具有鲜明民族和地域文化特征的建筑形态，既包含了满民族独特的营造意匠和审美倾向，也是其宗教信仰和民族认同的重要载体。而随着社会的进步，满族人民在结合自身生产、生活的实际需要所进行的民居创造活动中，生发出了独特的审美倾向，并将其对自然、人生、宗教的观念融入其中，形成了独特的地域化设计语言。由此一窥满族传统民居建筑之脉络、规律，理解其中蕴藏的深刻的文化内涵，对深入理解满族传统建筑艺术、保存地方历史文化记忆、传承和发扬民族文化具有重要的现实意义。

第五节　吉林省满族传统民居建筑地域差异性

一　吉林地区满族传统民居建筑

在吉林市住宅建筑历史上，距今约 2000 年的土著居民，在半地穴中已能用树木枝干搭成屋顶，上面再铺上草和泥，并将室内地面和墙壁拍平压实，在室内挖火塘烘烤、烹煮食物和取暖。自汉唐以来，受汉民族和其他民族的影响，由半地穴走向地面，在自然条件和经济基础的制约下，不断积累具有本民族、本地方的建筑特点。由于气候比较寒冷，便采取厚墙重盖，在室内建火炕，窗户南开，以大量获取太阳的光和热；由于土、木、草丰富，长期停留在土墙、木架、草盖定型上；由于居户经济能力的不同，因此深宅大院与板房草屋并存。

吉林地区是清王朝的发源地。清初，满洲部族多被编旗入伍，入关转战中原，多以军功升至将军、都统等高级武官和大人等文职官员。当吉林市成为吉林将军驻防城后，他们多在吉林城内建筑深宅大院。嘉庆、道光以后，凡旗官的协领、佐领均由京都补放，其子孙遂在这里立户定居，给吉林住宅建筑带来北京四合院式风格。清末入境汉民已多于当地满族，其住宅建筑也与满族相似。直到民国年间，才出现一些仿效欧式的建筑。①

吉林市龙潭区乌拉街镇是清打牲乌拉总管衙门所在地，是当时吉林经济、政治和文化的核心区。作为曾经的东北第一雄镇，乌拉街为后人留下了丰富的建筑文化遗产，其中尤以"萨府"、"后府"和"魁府"代表的满族民居建筑为胜，具有极高的文化、历史和审美价值，是东北地区的民居建筑之粹，也是满族人民的精神家园，对此开展研究，有助于我们理解吉林省满族传统建筑遗产类型的多样化。

（一）"中学为体、西学为用"——乌拉街"魁府"建筑"西洋式"风格解读

"魁府"坐落于吉林省吉林市龙潭区乌拉街镇"十字街"东隅，系时任科布多参赞大臣、查城大臣、察哈尔副都统、张家口都统王魁福的私邸，故此得名。该建筑始建于清光绪二十四年（1898），光绪二十八年（1902）前后竣工。

———————————

① 吉林市城乡建设委员会编印《吉林市志·城市建筑志》，1997，第159页。

“魁府”兴建之际，正值 19 世纪末 20 世纪初中国近代建筑在西方文化入侵下矛盾中前进的重要节点，反映在这座清末关外边陲小镇的归乡官宦府邸上，则是其建筑外观表现出的鲜明的“西洋式”设计语汇与其蕴含的深刻的对于民族建筑传统的坚守，使之成为中西两种建筑文化剧烈碰撞、交流中重要的历史例证。

透过对“魁府”建筑“西洋式”设计语汇的深入探究，以点带面地考察百余年前那个剧烈震荡的时代中近代中国建筑之嬗变，对于全面认识中国近代建筑发展面貌、清末“西学东渐”过程中中华民族思想领域的变化，乃至近代中华民族抗争史，均具有重要的意义。

1. “魁府”建筑中的“西洋式”设计语汇

中国近代“西洋式”建筑兴起于 19 世纪中叶。随着第一次鸦片战争爆发，西方资本主义列强大规模入侵中国，并通过政治、军事等手段攫取种种特权，为其在势力范围内开展建筑活动创造了条件，由此开启了中国土地上“西洋式”建筑的滥觞。这种浪潮由通商口岸的商埠城市波及传统城市，从主流城市向边缘城市发展，直至影响到边远的城镇乡村，[①] 使中国传统民居的形态发生了近代性的改变，尤以“西洋式”设计语汇的使用为主要特征。

“魁府”正兴建于这样的历史大背景之下，亦不可避免地打上了西方建筑文化的烙印。在“魁府”建筑入口（正门与撇山影壁）与一进院东西山墙等处，创造性地借鉴和使用了“柱式”、立面构图法则、“拱券”造型，还有三角形山花、阶式山墙以及其他建筑细部等西方古典建筑设计语汇，进而使整个建筑物呈现出与关外风光迥然相异的、典型的“西洋式”风格特征。

（1）对古典“柱式”的模仿

“魁府”建筑对于“西洋式”设计语汇的借鉴与应用，首先表现在其对西方古典“柱式”的模仿上。

---

① 杨秉德：《中国近代中西建筑文化交融史》，湖北教育出版社，2003，第 128 页。

西方古典"柱式"形成于古希腊时期，是由檐部和立柱组合而成的建筑法式。早期希腊"柱式"包括"多立克""爱奥尼克""科林斯"三种，其后罗马人又增加了"塔司干"柱式和混合柱式，形成的西方古典建筑"经典五柱式"是其建筑的核心和最主要的造型手段。"魁府"建筑中大量使用的柱子造型正是对罗马"塔司干"柱式的简化与变形。并通过对这些"柱式"的排列与组合，构成了其"假列柱"式的立面形态。

在"魁府"建筑入口处，六根"塔司干"式壁柱水平依次排开，将正门与撇山影壁分成五部分，形成节律性跨间格局。

一进院的东西厢房山墙处，则对"柱式"进行"叠加"处理。"叠柱"式的上层柱底径略小于下层柱上径，底层四柱向上对应承托上层四柱，结合三角形山花，形成两层"西方古典主义"建筑形态，成为"魁府"建筑"西洋式"设计语汇最典型的表现载体。

（2）对立面构图法则的遵循

西方古典建筑中强调轴线对称，讲究主从关系，提倡统一性和稳定感的构图法则也同样被应用到"魁府"的建筑立面中。

"魁府"建筑入口处采用了经典的"横五纵三"构图法，水平方向以正门为中轴线，两侧两组撇山影壁一一对称；纵向上层为主要装饰长条镶板的檐部，中层为柱廊式墙面，底层则为砖砌墙体。

而兼作建筑内影壁的一进院东厢房南山墙则采用"横、纵三段式"构图法。水平方向以壁心为中心，两侧柱廊式仿石墙面相互对称；纵向上层为三角形爱奥尼克式山花，底层则为青砖"回"字砌筑的基底。

（3）对"拱券"造型的应用

与此同时，"魁府"建筑中还应用了西方古典建筑的"拱券"造型，在其正门处形成内凹式半圆形券门，仿石券坐于券墩之上，中间嵌入楔形拱心石，配合其上原有花形砖雕装饰，集中反映了西方"古典券"的形式特征。

另外，这种"拱券"形态也被应用到"魁府"建筑中的壁龛上，其嵌于壁柱之内，与壁柱共同构成了"券柱式"的意象。

（4）三角形山花与阶式山墙的糅杂

"魁府"建筑中还对西方古典三角形山花和阶式山墙进行了杂糅处理。

在一进院的东西厢房上，沿建筑单体硬山屋顶形成的三角形区域砌筑出阶梯状边缘，并用斜楣勾勒出三角形山花，山墙与山花前后呼应，配合墙面贴装的壁柱，进一步强化了其"西洋式"的建筑风格特点。

（5）对其他建筑细部的借鉴

此外，西方古典建筑中的细部构件也是"魁府"建筑中重要的"西洋式"设计语汇。如在建筑正门和撇山影壁上对称装饰的 8 只"水落斗"（见图 1－19），以及在撇山影壁壁心线枋子上方用青砖组合砌成西方古典建筑中壁灯的造型，对其"西洋式"建筑风格的形成起到了重要的装点作用。

图 1－19　"魁府""西洋式"建筑元素

资料来源：笔者拍摄。

2. "中学为体、西学为用"——"魁府"建筑中的"中国性"内涵

然而，尽管"魁府"建筑中采用了大量的"西洋式"设计语言，其却并非建筑中的主导。"魁府"建筑的本质属性仍全然是"中国传统式"的，中国传统建筑文化始终保持"里"的主体位置，而"西洋式"的设计语汇仅为"从属"的"表"。这种"中学为体、西学为用"的深刻内涵，一方面借由建筑中对中国传统形制的坚守而实现，另一方面又对应体现在其对"西洋式"设计语汇的转译与解构中。

（1）中国传统建筑形制基底

"中国的建筑体系是在世界各民族数千年文化史中一个独特的建筑体系。它是中华民族数千年来世代经验的累积所创造的"，[①]　其在空间布局、材料、结构方式以及造型艺术等处理上形成了一定的格局，具有定型性和稳定性，是中华文化之具体象征。

"魁府"的整个建筑设计正是以中国传统建筑形制为基础展开的，从而为其内涵定下了"中国性"的主基调。

（2）传统形态的保持

"魁府"的单体建筑由硬山屋顶、青砖墙体和台基三部分构成，并采用了"五檩五枓"抬梁式木结构梁架。与此同时，在其平面排布上，"魁府"摒弃了西方古典建筑"向上发展、尺寸巨大"的空间特征，保持了中国传统水平方向小空间组合及单位重复使用的布局特点，形成了"两进四合院"的格局。这与梁思成先生于1954年提出的中国传统建筑九点特征相一致，即由台基、屋身和屋顶组成的建筑单体，以院落为核心的平面布局，曲面屋顶，木结构体系，举折、斗拱以及丰富的装饰效果等，体现出了稳定、坚固而持久的中国传统建筑文化基底。

（3）传统寓意的传递

"魁府"透过建筑的排列布局和艺术装饰表现出的对平安、富足的向往和对健康、长寿的希冀，也传递出浓厚的东方意蕴。

在"魁府"建筑雕刻中，保留了大量传统吉祥纹样，如"龟背锦"、"方胜纹"、"蝠纹"以及壁心中心彩绘"海水托日"图形等，寓意吉祥绵长、福寿延年，蕴含着深厚的中国传统文化。

而"魁府"建筑正门虽为"西洋式"立面的中轴线，但从建筑物整体来看，其向东南方向偏移，开于"巽"位，取"出入平安"之意，也体现

----

① 梁思成：《中国建筑的特征》，《建筑学报》1954年第1期，第36页。

了我国传统风水理论中对于宅门方位的重要文化阐释，从另一个侧面夯实了其建筑"中学为体"的本质属性。

3. "西洋式"设计语言的转译

与此同时，"魁府"在营建中对于"西洋式"设计语言进行的本土化转译，使其根植于西方文明的原始含义被解构，从而成为建筑中"第二性"的，也进一步加深了整个建筑"中学为体、西学为用"的内涵。

（1）形式上的同构

"魁府"应用最为典型的"塔司干"式壁柱，其古典式柱头自上而下由柱顶板、1/4 圆线脚、皮条线脚、柱颈、小圆线脚以及柱带构成，与我国传统硬山建筑中墀头的二层盘头、头层盘头、枭、炉口、混、荷叶墩的结构相一致。而将其处理成枭混线脚叠合而成的方柱手法，则使其不仅具备了"柱式"形态，同时也兼顾了墀头的挡水作用。

同样，"魁府"建筑入口处的"假列柱"式跨间格局也与我国传统的撇山影壁形制相契合。而一进院东西厢房用以协调传统硬山屋顶的阶梯状山墙，则能明显看到马头墙（封火墙）的意象。

可见"魁府"建筑中对于"西洋式"设计语汇的选择，并非漫无目的的，也绝非完全被动地接受"西洋式"元素进行简单的拼接和叠加，而是建立在与中国传统构件"形式同构性"基础上的重新演绎，是基于传统建筑需求基础上的对"西洋式"设计元素的整合与统一，其立意基点仍然是"中国的""传统的"。

（2）手法上的重构

同样体现"魁府"建筑"中体西用"内涵的，还包括其对"西洋式"设计语言采用的中国传统的营造手法。

在"魁府""柱式"的砌筑中，使用了我国传统的"叠涩"手法，用青砖层叠挑出和收进垒砌而成柱头的形态。在其镶板和壁龛的营造中，则采用了我国传统的"方池子"和"海棠池子"做法。其"拱券"造型亦采用中国传统砖券"一券一伏"的砌筑手法。而磨砖对缝和抹灰墙面的手法，则营造了十分逼真的西方古典仿石墙体。

在材料的选择上，"魁府"建筑也摒弃了西方建筑中对于石材的使用，转而以我国传统民居的常见材料——青砖为主，并配合灰泥粉饰。而对于建筑中水落斗形态的处理，则使用了更具传统特色的瓦作滴水作为导水构件，使西方古典建筑做法完全被摒弃。

（3）功能的消解

在"魁府"建筑中，西方古典"柱式"亦不再是立面形式生成法则和设计规范，其比例、结构也不再严格遵循古典制式，而是根据中国传统建筑形制在高度、跨度等方面进行了适应性的调整。而建筑采用的拱券式正门，同样也不再具有结构特征，转而成为一扇彰显"西洋式"风格的象征标识。

其建筑中采用的西方水落斗形式，虽仍具有实际作用，但其借助滴水进行导水的方式也全然是中国式的，更不消说其无功能意义的壁灯造型。

"西洋式"设计语汇的功能性在"魁府"建筑中被消解了，成为为"中体"服务的"形式符号"。在形式、手法解构的共同作用下，西方建筑文化不再是一个统一的整体，其"能指"对应的是中国化的"所指"，成为"以中为主、为中所用"的手段，体现了"魁府"建筑在以中国传统文化为主体的基础上，对待西方建筑文化审慎而实用的接受态度，其背后蕴含的是深刻的历史与文化动因。

4. 成因分析

"魁府"营建之始，正值中国近代建筑史发展由第一阶段向第二阶段转变的历史节点，近代中国建筑由早期对西方建筑文化的被动接受，逐渐转变为对之主动地接受与改造，使"西洋式"设计语汇不再像"突如其来，错剪到中国建筑历史拷贝上的'蒙太奇'"。[1] "魁府"建筑中对于中西建筑文化融会的深邃思考与铺陈布局，以及其进而呈现出的"中学为体、西学为用"的建筑内涵，正是这个过程的重要注脚，其中既有洋务运动的深远影响，也包含着"魁府"主人强烈的民族认同感。

---

[1]　陈纲伦：《从殖民输入到古典复兴——中国近代建筑的历史分期与设计思潮》，载汪坦主编《第三次中国近代建筑史研究讨论会论文集》，中国建筑工业出版社，1991，第163页。

（1）洋务运动的影响

洋务运动作为 19 世纪 60 年代晚清洋务派所展开的一场引进西方先进技术的自救运动，尽管最后以失败告终，但其"中学为体、西学为用"的指导思想仍深切地影响着近代中国的方方面面，并最终反映在其私邸建筑上，使之呈现出"中体西用"的深刻内涵，充分体现了在"古老的中国遭遇极大的危险"时，以"魁府"主人为代表的近代有识之士不盲目排斥外来文化，"师夷长技以制夷"背后深沉的爱国之心以及为此做出的表率与努力。

（2）民族认同的影响

除受到洋务运动的影响外，中西建筑文化"涵化"进程中，"魁府"营建者强烈的民族认同也对"魁府""中学为体、西学为用"的建筑内涵起到了关键性的作用。

建筑是一个民族、国家、地区的精神世界、社会文化以及人的心灵世界的象征与寄托，中国传统建筑所固有之形式从秦汉以降，沿袭千年而并无大变，其源流悠长而文化根深，早已植根于中华民族的心理中，成为"魁府"建筑中传统建筑文脉特质的久远来源。

然而，随着近代西方文明的强力输入，持久、稳固的中国传统建筑文化也难以避免被打破、被解体的命运。此时，"民族认同"这种由共同祖先、共同文化和共同栖息繁衍区域来定义自身归属①的整体性认知，为中西两种建筑文化碰撞、交流、借鉴的角力中建筑"中国性"的保持提供了坚实的精神支持。

"魁府"主人对内维护国家统一、对外抵御外敌入侵之峥嵘政绩，不仅反映了其作为清末官宦的家国春秋的责任与抱负，其背后更是对中华民族之归属的自觉认知与坚守。正是在这种坚定的心理基础上，"魁府"建筑融会了"西洋式"的客体语言，更新了自身传统，使主体文化在维持其基本特质的基础上获得新生，在呈现时代性和先进性的同时，使传统的、

---

① 王建民：《民族认同浅议》，《中央民族学院学报》1991 年第 2 期。

民族的文化内涵成为整座建筑的主旋律，并以此为基石，大胆地表达了开放、包容的文化自信。

　　建筑是凝固的历史。"魁府"营造之际正值西方列强用坚船利炮打开我国国门之时，伴随着侵略而来的西方建筑文化对我国近代建筑产生了深远的影响，"魁府"等建筑就是这段历史的缩影。对于西方建筑文化，我国人民由一开始的被动接受，转为有意识地主动吸收，并融会中国主体建筑文化，过程曲折而艰辛。

　　尽管"魁府"（见图 1-20）所处历史时期以及其营建者的局限性，使"魁府"作为自发的中西建筑文化融会产物，有其不成熟之处，但是其中展现的自强不息的中华民族精神，为我们洞悉百余年前激荡历史中的时代旋律提供了一个窗口，同时也为当下深入认识与继承中华文化的优良传统提供了一个支点。

图 1-20　"魁府"正门

资料来源：笔者拍摄。

（二）乌拉街"后府"砖雕与石刻艺术研究

吉林市龙潭区乌拉街镇地处松花江东岸，早期为"海西女真"扈伦四部之一的乌拉部所在地，后为努尔哈赤所征服。清顺治时期在此地建立起打牲乌拉总管衙门，为清王朝进贡鳇鱼、东珠、松子等物，是与江宁织造、苏州织造和杭州织造齐名的清朝贡品基地之一，历史文化资源丰富。

"后府"位于乌拉街东北隅，建于1880年，坐北朝南，正房东西长16米、南北宽10米、高8米余，前出檐廊宽2.4米，东西各有一券门，高1.88米、宽0.74米，共有四根明柱，柱下是上圆下方的花岗岩石础石。柱与柱之间，相距3米余。

"后府"为第33任乌拉总管、三品翼领云生的私邸，是典型的满族传统青砖硬山建筑，气势雄浑古朴，与东北地区自然地理面貌相得益彰。"后府"原为两进四合院，占地面积约6000平方米，现虽仅存正房与西厢房，但其上的雕刻技艺精美、造型灵动、寓意深厚，堪称东北地区满族民居之粹，历经百年沧桑仍难掩当年的繁华，也是满族传统建筑文化在今日之具体见证。由此一窥历史，能想象当年打牲乌拉地区的繁荣景象和生活场面。

1. "后府"砖雕、石刻的内容与分布

"后府"作为打牲乌拉总管、正三品大员云生的私邸，在东北物料、工艺相对缺乏的地区，可谓极尽能事。其雕刻装饰与较早期第13任总管索柱居住的"前府"以及同时期官宦王魁福的"魁府"相比，呈现出精美、繁复和奢华的品质。

在现在仅存的正房与西厢房的墀头、山花、券门、搏风处，有大量内容丰富、造型精美的砖雕和石刻。其中，砖雕主要分布在墀头（盘头和垫花）、山花、廊心门门额和搏风处，石刻则主要分布在墀头的下碱和柱础部分。

由于"后府"建筑在早期未得到足够的重视和保护，又历经火患，因而砖雕和石刻的不少内容已经迭失和损毁，留下的内容有些也已经模糊，因此笔者在实地调研的基础上，对其内容进行了解读，并将其分布情况进行记录，制成图表以供参阅。

"后府"正房砖雕、石刻的具体内容以及分布见图表1-1至图表1-3。

图表 1 - 1　正房正立面

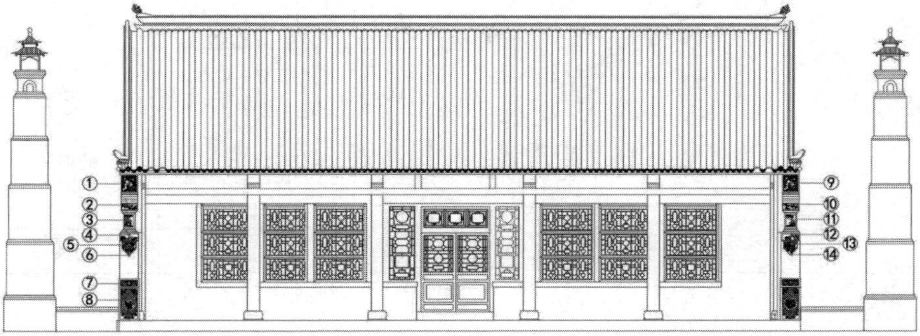

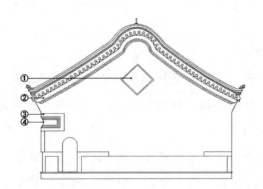

部位	雕刻内容	类型	部位	雕刻内容	类型
①	指日高升	砖雕	⑧	加官晋爵	砖雕
②	喜上眉梢	砖雕	⑨	燕子（?）报春	砖雕
③	鹿和柏树	砖雕	⑩	松鹤延年	砖雕
④	燕子与对方相对	砖雕	⑪	喜上枝头	砖雕
⑤	难以辨认	砖雕	⑫	难以辨认	砖雕
⑥	福禄双全加卍字纹底	石刻	⑬	福禄双全加卍字纹底	石刻
⑦	云纹底麒麟 上角为对称的书和画	石刻	⑭	云纹底狮滚绣球 上角是琴和棋盘	石刻

资料来源：笔者自制。

图表 1 - 2　山墙外侧立面

部位	雕刻内容	类型
①	富贵平安 + 双喜 + 菊花 + 橘子	砖雕
②	四艺图	砖雕
③	蝠纹	砖雕
④		砖雕

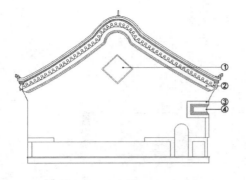

部位	雕刻内容	类型
①	富贵平安＋双喜＋菊花＋橘子	砖雕
②	四艺图	砖雕
③	蝠纹	砖雕
④		砖雕

资料来源：笔者自制。

图表 1－3　正房背立面

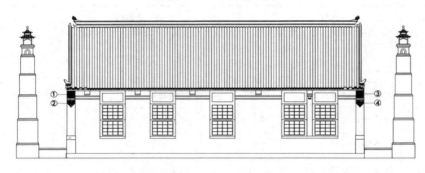

部位	雕刻内容	类型
①	五福捧寿	砖雕
②	博古＋石榴＋书画	砖雕
③	凤凰	砖雕
④	五福捧寿	砖雕

资料来源：笔者自制。

2. "后府"砖雕、石刻的题材

"后府"砖雕和石刻的内容丰富、题材广泛、类目繁多，通过对图形内容的梳理，将其分为花草树木、祥瑞动物、神仙人物、山水建筑、抽象纹饰、文字图形和博古器物等七大类型。

花草树木类包括牡丹、菊花、梅花、兰花、竹子、松柏、柿子、橘子和石榴等形象。祥瑞动物有燕子、喜鹊、鸡、白鹭、蝙蝠、狮子、麒麟等。神仙人物主要集中在正房墀头和拱门上方扇面处，刻画了天官、书童、书生等形象。

　　山水建筑中有寓意"长寿"的奇石和作为陪衬的山水。"后府"的砖雕和石刻艺术中，还穿插了大量的抽象纹饰，如龙纹、蝠纹、云纹、水纹、万字纹、卷草纹和缠枝纹等，对画面结构的连接起到了重要作用。

　　文字图形在"后府"现存的建筑中应用较少，目前仅有正房山墙上的两枚山花，雕刻有双喜文字（见图 1 - 21）。博古器物有四艺图、杂宝图、暗八仙图和佛教八吉祥图。

图 1 - 21　"后府"山花

资料来源：笔者拍摄。

3."后府"砖雕、石刻的寓意

　　民居建筑中的雕刻艺术是人们对于平安、美好生活向往的符号载体。人类先民在房屋上刻画各种各样的纹饰和形象，以期达到祈祷平安、躲避灾祸的目的。随着人类社会的不断进步，人们越来越多地注重建筑雕刻装饰，不仅将其视为审美体验的对象，也将更多的寓意赋予其上。建筑雕刻艺术默默地展现居住者的生活情趣和理想寄托，成为整座建筑中最能表达人们情感的部分。同时，建筑中的雕刻艺术也受到地域文化背景的影响，成为区域文化和民族文化个性特征表现的一个缩影。

"后府"砖雕和石刻内容丰富、题材广泛、类目繁多，可归为花草树木、祥瑞动物、神仙人物、山水建筑、抽象纹饰、文字图形和博古器物等七大类型。这些题材与其表达的内容交织在一起，体现了屋主人云生"小我"对人生的理解和希冀，也隐含了汉满文化交融的宏大历史叙事。

（1）对美好生活的追求

"福"是中华民族祥瑞文化的一个重要内容。《礼记·祭统》记载："福者，备也。备者，百顺之名也。无所不顺者，谓之备。言内尽于己，而外顺于道也。"《尚书·洪范》则认为"五福：一曰寿，二曰富，三曰康宁，四曰攸好德，五曰考终命"。而在民间文化中，"福"有了更世俗的解释，即"福禄寿喜财"。可见"福"表达了"一个比较完备的思想"，"无所不包，举凡吉祥如意、福善喜庆、事事顺遂皆可以福为表征"，"是人们美好生活期望和人生追求目标的集中概括和体现"。①

"后府"的砖雕和石刻十分重视"福"文化的表达，其表现之一是蝙蝠形象的大量应用。在中国的传统认知中，"蝠"取其谐音，同"福"。"后府"运用五蝠捧寿、蝠在眼前、福寿双全等固定搭配和大量的蝠纹来体现屋主人对生活中"福"的强烈期盼。

另外，"五福"之组成要素——"寿、喜、康宁"等内容也被融入进来，与"福"一起形成一个不可分割的寓意吉祥的整体。例如，象征"延年益寿"的松、鹤、寿（瘦）石、菊花、桃、八仙等形象，象征"喜"的喜鹊形象和"双喜"文字图形，象征"平安富贵"的牡丹、花瓶等，充分表达了"后府"主人对平安、富贵生活的向往以及对健康、长寿的追求。

（2）对加官晋爵的渴望

出仕入相是封建社会历代知识分子的重要追求，这与儒家"治国平天下"的思想密不可分。无论是从历史上的现实情况还是读书人的理想追求角度来说，读书、入仕、加官晋爵都是重要的人生目标。它们不仅包括

---

① 刘瑞华：《传统福文化的价值精神与现代意义》，《学术探索》2016 年第 4 期，第 133 ~ 134 页。

"小我"对功名利禄的物质追求和随之而来的精神满足，也是我国古代文人实现其家国春秋的政治抱负和人格理想的重要途径。

"后府"主人云生于光绪六年（1880）出任打牲乌拉总管，其子孙、叔侄亦先后任"总管"达数十年，可谓"总管世家"。在这种背景下，"后府"的砖雕和石刻艺术中体现出的对封侯拜相的渴望不仅具有强烈的理想希冀倾向，同时也具有极其现实的意义。

"后府"正房砖雕内容一侧为"指日高升"，另一侧为天官与童子形象，虽然已残破难以辨认，但从"后府"整体砖雕和石刻设计的互文性来说，很有可能是加官晋爵之内容。除此之外，"后府"西厢房拱门处雕刻有一莲一鹭，寓意一路连科。体现了"后府"主人对仕途更上一层楼的强烈渴望，也是对子孙未来官宦生涯的殷切希望。

（3）对文韬武略的崇尚

满民族是"马背上的民族"，因而"骑射成为清朝武功和八旗文化的核心内容，使得无论官方还是民间，'国语骑射'始终在八旗中占据着军事文化领域的正统统治地位"。[①]"八旗骑射制度"不仅是民族之传统、立国之国策，也渗透到满族八旗子弟生活的方方面面，与考试、出仕等息息相关。这种影响也体现在"后府"的砖雕和石刻艺术中。"后府"的砖雕、石刻艺术有别于其他地区，出现了箭筒和旌旗等形象，正是八旗骑射思想在建筑实物上的折射。

除此之外，由于乌拉街地处形胜之地，与俄罗斯接壤，打牲乌拉兵丁除肩负皇家贡品的任务外，还有宿卫边防之重任。《打牲乌拉志典全书》就"记载了沙俄侵略者不断骚扰、侵占我国领土的情况，反映了乌拉兵丁对保卫边疆所作的贡献"。[②]因此砖雕、石刻艺术中出现的军中器物形象也是对其所处历史环境的真实还原和写照。

---

①　唐云松：《清代满族八旗骑射文化的崛起与流变》，《哈尔滨体育学院学报》2011年第3期，第23页。

②　赵清兰、于海民：《"后府"最后的"格格"谈"后府"——访清代打牲乌拉总管衙门总管赵云生曾孙女赵清兰》，《兰台内外》2014年第6期，第8～9页。

清统治者作为少数民族政权，除了倡导"国语骑射"的教育，也对儒家思想十分重视，因而八旗子弟和官宦贵族等均以儒家思想为立身之本。"后府"主人云生"幼时聪颖，稍长博览群书，尤谙满文，以提弟子人署充差。先后担当过笔帖式、仓管、翼领等官职"。① 云生在任期间主持修纂了《打牲乌拉志典全书》和《打牲乌拉乡土志》，为后世了解和研究乌拉街提供了极富价值的史料记录。因此，在"后府"的雕刻艺术中，琴棋书画四艺之事所占比重甚繁，所处的地位也十分重要，特别是被醒目地雕刻在正房的搏风处，凸显出云生作为士大夫阶层的高雅的文化修养和对修文明义的践行。

（三）"后府"砖雕、石刻的艺术特色

满族先民自先秦时期就与中原地区有了联系。纵观满族先民及新民族共同体的历史，汉满文化之交融从未停止。乌拉街"后府"作为满族传统民居的典范，在营造技艺和建筑形态上极具满族特色，但在砖雕和石刻中也借鉴和融入了许多汉文化元素。汉满文化在乌拉地区的交汇和互动，使"后府"砖雕、石刻形成了独特的艺术表达。

1. 意境上对于"雅"的追求

梅兰竹菊一向被中国文人喻为"四君子"。其人格化的高洁品质"与中国文化所崇尚的人格品质是有着一致性的"。② 我国历代文人墨客都善用"四君子"来抒情寄兴、状物言志。"后府"的砖雕、石刻艺术中也多次出现梅兰竹菊"四君子"图，表达了"后府"主人自身的高洁志趣和对"雅逸"的生活空间的追求。

"后府""雅"的另一种体现在于"后府"雕刻艺术中对于"财"的消解。"后府"砖雕和石雕的内容上并没有表现出过多对"财"的追求，对"禄"则多有刻画。中国人对"禄"的理解与"财"并不完全相同。

---

① 永吉县地方志编纂委员会编《永吉县志》，长春出版社，1991，第795页。
② 荆桂秋：《花卉画"四君子"的文化意蕴》，《北方论丛》2003年第2期，第131页。

《康熙字典》载，"禄，俸也。居官所给廪"，"位定然后禄之"。①"禄"与传统的金钱观念相比具有官禄的含义。所谓"食君之禄、担君之忧"，对"禄"的向往并不单纯是对金钱财富的追求，而是与家国天下相关的个人抱负的实现，体现出更多道德层面的追求。这使"禄"与"金钱"的世俗相对，呈现"雅"的特点。

2. 造型上的写实性

"后府"的砖雕多采用平雕和浅浮雕的形式，本应呈现平面造型高度提炼的特点，却呈现了一种写实性。工匠雕刻的造型栩栩如生，严格按照现实的事物进行临摹和再现。以正房的戗檐板指日高升造型为例，天官大腹便便，旁边的执扇仙童活泼伶俐，造型线条流畅，人物形态自然生动，比例协调，真实地刻画了人物的身份和关系。其他部分的动物形象造型严格按照肌肉线条的走向塑造，栩栩如生。

3. 内容上现实主义的倾向

"后府"砖雕和石刻艺术的另一个特点是内容上明显的现实主义倾向。在雕刻内容的选择上完全是对地方日常生产生活的反映，题材多为桃子、松柏、菊花、牡丹、鸡、喜鹊、鹿等，皆是吉林地区常见之物。

至于现实生活中不存在的事物，不仅出现的数量极少，而且对其的表现也采用浪漫主义的手法。以正房墀头包含天官内容的砖雕为例，不仅在陪衬植物上选用了东北地区罕见的芭蕉、天竹等，同时还加入大量云纹，使其与日常生活区分开来，营造出一种意境缥缈的仙境奇观。最为显著的是在表现佛教八宝的时候，将原本应该出现的宝相花改为牡丹花，也从侧面反映了满族人民务实的民族性格。

4. 特意追求的古拙效果

雕塑在诞生之初，由于雕刻工艺的限制，在形象上往往带有原始的拙趣，这在少数民族雕塑中非常常见。如盛京皇宫大政殿前的石狮是皇太极时期雕刻的，造型古朴，与清入关后营建的宫殿神兽不可同日而语。这是

---

① 鲁同群注评《礼记》，凤凰出版社，2011，第 68 页。

当时经济、技术和审美条件下的产物，并随着民族意识的形成而演化成民族文化的一种表现形式。

"后府"兽首瓦当造型古朴、意蕴拙趣，与大政殿前的石狮气质相仿，却与"后府"其他的砖雕、石刻技艺形成鲜明对比。及至"后府"营建时期，乌拉街业已繁荣近 200 年，况乎屋主人为打牲乌拉总管、三品大员，因而"后府"的瓦当雕刻，应可极具华美、精致，但尚保留一种古朴的效果，只能说这是"后府"在进行砖雕、石刻营造意匠时特意保留的民族传统，从侧面印证了满族传统民居对民族性的坚守。

乌拉街作为打牲乌拉总管衙门所在地，历经近 300 年，终随中国最后一个封建王朝的覆灭走向衰败，而"后府"作为此地满族传统民居建筑的代表，也在百年沧桑中，失去了原本的色彩。但其残留下来、仍然熠熠生辉的雕刻艺术携带着大量的文化和艺术信息。

从"后府"砖雕与石刻的内容和寓意上，我们能发现汉文化的深远影响。与此同时，满民族的性格、习俗等传统因素也不可避免地影响着砖雕和石刻艺术的表达，进而形成了乌拉街"后府"砖雕与石刻独特的寓意与特色。对其进行详细的整理、解读，使我们得以从中窥见百年前乌拉街的繁荣与兴盛，重温那段逝去的历史，了解那时那地的生活方式，见证世代生活于此的满族人民延续不断的文脉，是乌拉街、满民族乃至中华文化遗产价值探索的重要内容。

二　四平地区满族传统民居建筑

（一）四平地区典型满族传统民居建筑情况

由于四平地区的满族传统建筑遗产仅有衙署建筑，且其中兵丁房及角房在一定程度上与民居建筑使用功能和外观相似，为了增加样本数量，对四平地区的典型满族传统民居建筑的研究选取了三处一般性建筑作为佐证。

1. 山门镇"二老爷府"

山门镇"二老爷府"，位于四平市山门镇西，原为布尔图库苏巴尔汗边门八品笔帖式官邸，因而得名。

山门镇"二老爷府"现存正房和东西厢房。其中正房五间，为青砖仰瓦建筑。另有东西厢房各三间，为泥墙草房。原建筑采用支摘窗，现已更换成塑钢窗。其正房为清水脊，带蝎子尾，墀头和山花处有部分砖雕装饰。

2. 叶赫镇"李氏旧宅"

叶赫镇"李氏旧宅"，位于叶赫镇内，现存有正房五间，东厢房三间，为青砖仰瓦建筑。正房墀头有砖雕。

3. 伊通满族自治县景台镇"范家大院"

伊通满族自治县景台镇"范家大院"，位于吉林省伊通满族自治县景台镇范家村范家沟屯西部，北面距离清代柳条边边墙约 1400 米，由正房与东厢房、西厢房组成。原为范姓地主所建，新中国成立后划归当地政府所有，曾经做过村委会、学校、油坊、鞭炮库、敬老院等，后被村民刘国忠购买居住至今。[①]

（二）四平地区满族传统民居建筑形态特征

四平地区的满族传统民居建筑除与其他地区的满族传统民居的共性特征外，由于其独特的自然地理环境特点及经济、社会、文化等因素的影响，呈现了一些地域差异性。这是四平地区满族人民在与关外"龙兴之地"恶劣的自然环境对抗过程中形成的集体智慧的结晶，是自然环境因素与人文因素共同规训的结果，对认识四平地区满族传统建筑特色，以及全面理解满族传统建筑的产生、发展具有重要的意义。

在梁架结构方面，与其他地区的满族传统民居建筑不同的是，四平地区的满族传统民居主要为"五檩"梁架结构。

四平地区的满族传统民居建筑正房保持了硬山仰瓦屋顶，正脊为清水

---

① 张迪、田永兵：《吉林省伊通满族自治县景台镇范家大院调查报告》，《东北史地》2015年第 6 期。

脊，并呈蝎子尾造型，部分厢房采用泥墙草顶，屋顶与屋身的比例在 1∶1
和 1∶1.2 之间。如伊通满族自治县景台镇"范家大院"屋檐至地面高度为
2.62 米，屋脊至地面高度为 5.26 米，屋顶与屋身比约为 1∶1。

　　四平地区的墙体主要是以"丝缝"或"干摆"的方式砌筑青砖墙体，
亦采用"外砖里坯"的做法，山门镇内的"二老爷府"还搭配有虎皮石
墙，其东西厢房则为土坯墙。"范家大院"的正房以及东西厢房则通体采
用了青砖墙体。

　　乌拉街地区的"六檩"以上房屋窗户上方设有"高照板"，还绘有彰
显居住者品位的彩画作品。四平地区的满族传统民居主要为"五檩"建
筑，因此无"高照板"。另外，四平地区的满族传统民居建筑由于年代久
远、保护意识不强、文献记录少，其窗户式样现今已无法知晓，但据位于
四平市山门镇的布尔图库苏巴尔汗边门"兵丁房"窗格以及分布在其他地
区的满族传统民居建筑推测，四平地区的满族传统民居建筑窗户形式也应
不脱于直棂、回纹和盘长纹等简单造型。

　　四平地区的满族传统民居建筑保留了"跨海烟囱"的形式，如"范家
大院"正房东西两侧各有一体型硕大的"跨海烟囱"，与山墙以烟道相连，
而山门镇"二老爷府"的烟囱则依附于山墙上部，但尺寸较周围的汉民族
民居建筑大，体现了典型的满族传统建筑特征。

　　四平地区的满族传统民居建筑历经 200 余年，内部布局结构已经更改，
但是从山门镇"二老爷府"的房屋开门地点来看，其具有"口袋房"的
特点。

　　在院落布局上，四平地区的满族传统民居建筑都保持了此种布局形
态，如伊通满族自治县景台镇"范家大院"的南北跨度约 56 米，东西跨
度约 46 米，院落形式为一进三合院，院内多设置有"苞米楼子"。

　　四平地区的满族传统民居建筑细部装饰主要为砖雕，位于墀头（盘头
和垫花）、山花和搏风处。如山门镇"二老爷府"墀头上的"牡丹"、"双
喜"和"蝙蝠"砖雕纹饰，以及李氏旧宅檐头的"万字纹"和"缠枝牡
丹"，体现了四平地区满族传统民居建筑的居住者们对平安、富贵、吉祥

生活的向往以及对健康、长寿、家族兴旺的渴望。

（三）四平地区满族传统民居建筑的地域性特征

1. 四平地区满族传统民居建筑"制式低、规模小"

四平地区的满族传统民居建筑主要采用一进三合院形式，由正房和东西厢房构成，无倒座。除伊通满族自治县景台镇"范家大院"的东西厢房为五间外，山门镇"二老爷府"和叶赫镇"李家旧宅"东西厢房均为三间，属于较低等级的民居。

四平地区的满族传统民居建筑梁架结构为"五檩五杋"式，不出前后廊，清水脊，屋身细部装饰较少，无彩画、木雕，有部分砖雕，造型也十分简单、质朴，其内容也多表现追求富足、平安等的"小农"意识，缺少更高层次的人生与精神追求。

与此同时，四平地区的满族传统民居建筑院落面积较小，正房与东西厢房距离较近，与吉林市乌拉街镇的满族传统民居建筑遗存相比，院落跨度较小。

2. 四平地区满族传统民居建筑构造独特

与吉林市乌拉街镇等地的满族传统民居建筑相比，四平地区的满族传统民居建筑檐柱采用了"半明柱"形式，即檐柱不完全包括在檐墙内，表现了其重要的围合构造特点。

与此同时，由于四平地区的满族传统民居建筑梁架结构为"五檩五杋"式，因此其建筑不出檐，不设高照板的同时檩椽皆外露。

3. 四平地区满族传统民居建筑做法较为经济、实用

与吉林市龙潭区乌拉街镇等大型城镇的满族传统民居建筑相比，四平地区满族传统民居建筑做法也体现出了较为经济、实用的营造意匠。在建筑中保留了建筑材料的原始形态，不进行精细加工，最大限度地发挥物料效用。

4. 四平地区满族传统民居建筑体现出原始宗教趣味

满民族信仰的原始宗教为萨满教，其起源于原始社会先民与自然的相

互依存与斗争。萨满教的主要宗教活动为"家祭"和"野祭"。

"家祭"包括祭祖、祭杆子等祭项，对满族传统民居建筑的典型形态产生了重要影响。如家祭中的"祭杆子"即为祭"索罗杆"。"索罗杆"是满族祭天典仪所用之物，布置在满族传统民居建筑正房屋门对面，由石制杆座、木杆和其上架设的方斗组成，高约数丈，影响了满族传统民居建筑的典型院落布局形态。

但在四平地区的满族传统民居建筑中，则出现了更为原始的"野祭"传统。例如，叶赫镇"李氏旧宅"正房前墙门左侧门楣处设置有一方形神龛，俗称"天爷窝"，为供奉天地之所在。而在另一些房脊上有鸟饰或蛇饰，应是早期满民族动物崇拜的遗迹。这些精雕细刻的部件是满族多神信仰的表现，与东北地区一庙多神的宗教信仰相吻合，而更多的是体现了四平地区满民族人民较为原始的宗教趣味。①

（四）典型满族传统民居建筑特色成因分析

1. 自然因素的影响

四平市，北纬 42°31′~44°09′、东经 123°17′~125°49′，是吉林省的"南大门"。位于东北中部、吉林省的西南部、东辽河下游、辽宁省与吉林省的交界处，地处吉东低山丘陵与辽河平原过渡地带，东依大黑山，西接辽河平原，北邻长春，南近沈阳。属于中温带湿润季风气候区。主要气候特点是大陆性明显，春季干燥多风，夏季湿热多雨，秋季温和凉爽，冬季漫长寒冷，降水稀少，月平均气温最低值出现在隆冬季节的 1 月份，为零下 14.8℃。与其他地区相比，气候相对较为温暖，这也决定了当地满族传统民居的檐柱采用"半明柱"形式，同时檩椽外露，不需要完全包裹进檐墙以起到严密围合的作用。

与此同时，由于冬季并不酷寒，不需要太高的采暖要求，同时风沙较大，因此院落设计也较小，窗户的设计也不如吉林地区大。

---

① 林德春：《叶赫地区古建筑的文化解析》，《满族研究》2004 年第 3 期。

2. 人为因素的影响

（1）经济原因

柳条边始建于清康熙年间，是一条土筑地域封禁和行政区划标志设施。清初统治者出于保护"龙脉"的需要，避免"龙兴之地"由于樵采、放牧、垦荒等遭到破坏，而修筑起一道封禁界线——柳条边，即掘壕于外，筑堤于内，其上插柳，因呼之为"柳条边"、"条子边"或"柳边"，其内为禁地。全长 1300 千米，设边门 20 座、边台 168 座，数百水口（横跨江河处称水口）。

柳条边有老边和新边之分。老边亦称盛京边墙，新边亦称吉林边墙。新边南起辽宁省的开原威远堡，经四平铁东区、梨树、公主岭、九台，北达吉林省的舒兰市亮子山。新边自南向北设四边门，即布尔图库、克尔素、伊通、法特哈。其中，四平地区山门镇的布尔图库苏巴尔汗边门衙门遗址，为吉林边墙的第一座边门，是柳条边 20 座边门中唯一保留下来的古建筑。史迹标识称："布尔图库边门始建于康熙九年（1670），康熙二十年（1681）设五品防御官，率兵驻守。光绪二十年（1894）废弃。"①

四平地区的满族传统民居建筑从地理位置上看，都地处清代柳条边封禁区内，而山门镇的"二老爷府"为布尔图库苏巴尔汗边门笔帖式的官邸，伊通满族自治县景台镇"范家大院"北距柳条边边墙约 1400 米，西北距景台边台 1900 米。由此可见，四平地区满族传统民居建筑主要为边台官吏、台丁等居住使用。柳条边的主要职能是戍边，保障"祖宗肇迹兴王之所"，并不大肆开垦土地，因此经济水平不高，也导致了四平地区的满族传统民居建筑"制式低、规模小"，无法与作为清贡品基地的打牲乌拉府（吉林市龙潭区乌拉街镇）相比。

（2）建筑等级原因

我国古代建筑等级制度森严、历史悠久，至迟在周代已经出现，直至

---

① 刘小萌、聂有财：《四平市周边明清遗迹的考察——从辉发到叶赫》，载赵志强主编《满学论丛》第 4 辑，辽宁民族出版社，2014，第 383 页。

清末，延续了 2000 余年，是中国古代社会重要的典章制度之一。

中国古代建筑等级制度对王侯、官宦住宅的高度和面积，门的重数，屋顶的形式，建筑物的颜色和装饰等都有严格的等级要求。

四平地区的满族传统民居建筑主要为边台官吏、台丁等居住，山门镇防御长官仅为五品，"二老爷府"的主人则为八品笔帖式，伊通满族自治县景台镇"范家大院"更为商人所建，与打牲乌拉总管索柱、云生等三品大员的私人府邸相去甚远，其制式符合居住者身份，是我国传统建筑等级制度的具体体现。也由此，建筑物细部装饰中缺少了打牲乌拉地区满族传统民居建筑"三雕"艺术所体现出的高级官员对于加官晋爵的渴望、对文韬武略的崇尚以及对清高志趣的追求。

（3）对民族原始宗教习俗的保留

满民族萨满教带有强烈的原始宗教色彩，为多神教。其中能够体现萨满教特点的满族祭祀主要分作"家祭"和"野祭"。

"家祭"和"野祭"只是历史性的概念，最初的祭祀并无家、野之分。至《钦定满洲祭神祭天典礼》推行以后，根据这个祭典逐渐定型的民族性祭礼就是"家祭"。它的特点是，各姓氏原有的祭祀体系和萨满昏迷术被取缔，以皇族规定的祭祀对象和祭祀规法为模本，形成自上而下的新的祭祀传统。久而久之，许多满族人忘记了古老的萨满教传统，以"家祭"为古法和祖宗之法，遵行不悖。①

但是，从四平地区的满族传统民居建筑的情况来看，能够明显发现萨满教"野祭"的影子，可见，尽管有了《钦定满洲祭神祭天典礼》的要求，但是满民族信仰中的"万物有灵"观念仍然存在，特别是关外的"龙兴之地"，其位置上与清王朝的统治者距离较远，而与满民族原始宗教发生的地点距离较近，因而保留了萨满教中更为原始的"野祭"观念并有所发展。

---

① 孟慧英：《满族的祭祀、萨满文本和神话》，中国民俗学网，https：//www.chinesefolklore.org.cn/web/index，最后访问日期：2009 年 7 月 18 日。

建筑总是"这一地"而非"那一地"的产物，尤其是我国传统民居建筑，不可避免地打上地区自然、经济、历史、习俗、审美和宗教等多重因素的烙印，满族传统建筑亦是如此。

满族传统民居建筑是满族人民在与关外"龙兴之地"恶劣的自然环境对抗过程中，历经数千年所形成的集体智慧的结晶，是自然环境因素与人文因素共同规训的结果，呈现强烈的地域性特征，是满民族文化的重要载体和表现形式，也是传统建筑艺术的瑰宝。

而四平地区的满族传统民居建筑在"原型"基础上，深受四平地区独特的自然地理气候环境，以及经济、制度、宗教等多方面因素的影响，这些自然环境因素与人文因素共同构建了四平地区独特的满族传统建筑形态差异性，对认识四平地区满族传统建筑特色和全面理解满族传统建筑的发生、发展具有重要的意义。

另外，值得注意的是，四平地区的满族传统建筑整体来看遗存较少。这是由于19世纪末，中东铁路的兴建使四平逐渐由早期组织松散的乡村转变为半殖民地半封建的小城市，也促进了四平地区城市化和工业化、现代化的萌芽，四平地区社会经济有所发展，且地区中心向四平城区迁移，因此传统建筑留存较少。

此外，满族传统建筑采用的砖木房屋结构极易受到环境气候的影响，易出现房屋坍塌和火灾，严重制约了建筑遗产的保护。

同时，目前对于满族传统建筑，特别是满族传统民居建筑的保护、重视程度也十分不够，以山门镇"二老爷府"为例，课题组于2017年对其进行普查之时，其墀头上的砖雕仍然清晰，后期由于屋主人对房屋的翻修，该砖雕被水泥覆盖，不能不说是一种遗憾。

因此，通过对四平地区，乃至全省、全国满族传统建筑艺术进行详细的梳理和研究，在理论上探讨满族传统建筑的人文背景、自然环境和传统建筑的相互关系以及满族传统建筑的风格、结构、空间组织方式和细部特征，对于深入理解满族传统建筑艺术、保存地方历史文化记忆、发扬和传承民族文化具有重要的现实意义，值得深入推进。我们要传承和弘扬满族传统建筑艺术及其文化内涵，让更多的人了解它、熟悉它、热爱它。

第六节　满族传统建筑仰瓦特色及其成因

中国建筑对屋顶的设计最为重视，在古代就有以它来概括整座房屋的意思。因此可以说，中国的建筑是屋顶的艺术。我国幅员辽阔、民族众多，不同区域、不同民族的传统建筑屋顶都不尽相同，成为其最具代表性的标志，满族传统建筑亦是如此。

满族传统建筑最鲜明的特色当属其由仰瓦铺设而成的巨大屋顶，青瓦色彩朴素、庄重，铺设方式独特，由此形成富有节奏感和韵律的"鱼鳞状"屋面形态，与关外的自然地理面貌相得益彰。借此一窥满族传统建筑的营造智慧，对深入认识满族传统建筑艺术具有重要的意义。

一　满族传统建筑的仰瓦特色

仰瓦，又称仰面瓦，是"仰面（凹面）向上放置于屋面的板瓦"，[①]选取约170毫米×165毫米的小青瓦，左右留有二三道正瓦。其铺贴方法采用干搓瓦的形式。

仰瓦在我国其他地区的传统民居建筑中主要是作为底瓦，与凸面向上铺设的顶瓦组成"一阴一阳"的合瓦形式，或者用于不甚讲究的民居建筑中。但在满族住宅中，上至皇宫住宅、宗教建筑，下至普通民居，都采用了此种方式，其中原因值得深究。

二　满族传统建筑仰瓦的成因

（一）文化交流

仰瓦的形成，与满汉文化交流有密切关系。满族先民自舜、禹时代起，就与中原地区建立了联系。西周时期"肃慎"为周"北土"，曾向其

---

① 王效清主编《中国古建筑术语辞典》，文物出版社，2007，第151页。

进献"楛矢石砮"。在与中原文化的长期交流与相互浸染中，满民族逐渐习得了汉民族较为先进的营造技艺，也借鉴了其瓦作方式。

（二）气候条件

仰瓦产生的另一个原因，当数气候。我国东北地区纬度较高，大部分处于中温带，少部分处于寒温带或暖温带，冬季寒冷漫长，结冰期可达五个月，降雪量大而蒸发少。

"吉林一带房屋采用小青瓦仰面铺砌，……其原因是当地气候寒冷，冬季落雪很厚，如果采用合瓦垄，雪满垄沟，雪经融化时，积水浸蚀瓦垄旁的灰泥，屋瓦容易脱落。特别是经过冷冻的变化，更易发生这种现象。"仰砌有利于积水的流通。[①]

因此，满族传统民居建筑在进行屋顶营建时，尺寸较关内地区大。同时，屋面的坡度也大，十分陡峭。这种独特的设计有利于积雪从房顶滑落，免致压塌建筑物。

而满族传统民居建筑屋面采用的仰面铺设小青瓦，左右各留有二三道正瓦的形式，以及"干搓瓦"的营造技艺，也在技术上保证了冬季大雪融化时建筑物的防水性能和瓦面的牢固性，使冬季雪量大时融雪不至于将瓦片带落下来。

（三）民族文化

满民族的主要建筑形式发展的起点，都可追溯至民居建筑。通过对满族的宫室等建筑展开分析，可见无论是初创时期的佛阿拉，还是建都盛京后兴建的沈阳故宫，其建筑始终保持着满族民居的制式、粗放的建造风格和典型的满族传统建筑特征，这种建筑形式直至当代，仍然存在于散落在吉林省内的满族传统建筑中，其中包含了对民族信仰、生产习俗、价值取向等民族性文化内容的传承与坚守，因而保留了浓郁的民族建筑风格。由

---

① 张驭寰：《吉林民居》，天津大学出版社，2009，第75页。

此可以推测，仰瓦也是其重要的特征，因而得以传承并一直坚守下来。

佛阿拉期间，时年仅 25 岁的努尔哈赤在呼兰哈达筑佛阿拉城。他在山岗上筑城三层，"建造了衙署、楼台"。据朝鲜李朝南部主簿申忠一在《建州纪程图记》中所记，佛阿拉"外城周仅十里，内城周二马场许。外城先以石筑，上数三尺许，次布木椽……如是而终。高可十余丈，内外皆以黏泥涂之，无雉堞、射台、壕子"，内城与外城筑法相同，只是有雉堞和隔台，东、西、南三门上设板屋，但无上盖，仅设楼梯上下通行，"内城内又设木栅，栅内如酋（指努尔哈赤）居之"，[①] 可见极为简陋。

佛阿拉城木栅内有两处居所，一处属于努尔哈赤，另一处居住着其弟舒尔哈齐。努尔哈赤居所占台地正中的最高处，有两门，大门朝东，小门面西偏南。栅城内正中一堵砖墙将其分成东西两院，有盖瓦中门相通。奴酋东院有房屋六所，多为丹青盖瓦房，也有草房，用于处理政务，宴请富客、各神祭祀的"殿章"为"五屈善草"房；其东北的八间"行廊"、"客厅"及正前方的三间"行廊"均以草盖顶，亦为"召集臣属，议事宴饮"之处。西院有九所建筑，努尔哈赤常属之"宫"为三间草舍；有楼阁皆建高台上，或于"高可十余尺上设二层楼阁，或于高台八尺许上设一层楼阁"，上盖丹青鸳鸯瓦，墙涂石灰，柱椽饰彩绘。

到了 1603 年，努尔哈赤移居于赫图阿拉。努尔哈赤将"汗宫"建在南端的高台上，后紧依城墙。而努尔哈赤的"尊号台"，也就是俗称的金銮殿，位于内城北门之东，仅是一座坐北面南的长约 12 米、进深 7 米的三间青砖瓦房。1957 年考古试掘，采集了一些建筑材料残件：青砖均为 330～340 毫米长、150～160 毫米宽、80～90 毫米厚，烧制较粗糙。这些建筑材料与佛阿拉时期的材质、纹饰大致相同，但有所发展。

在萨尔浒建城筑宫室时，其建筑形制与佛阿拉、赫图阿拉时期相类，保有一些明显的满族建筑风格，仍是无章可循，尊卑之别不明显。

进入辽沈地区后，东京新城以砖石筑成，有八门，城外有护城河，宫

---

① 〔朝〕徐恒晋校注《建州纪程图记校注》，《清初史料丛刊》，辽宁大学历史系，1979。

室建筑使用黄绿琉璃筒瓦勾头上的蕃莲花纹饰,乐条为黄琉璃乳钉上衬江牙纹,摆件上采用龙凤图案等。同佛阿拉、赫图阿拉时期建筑相比,受汉族建筑和皇权思想影响的比重不断增加,但楼阁、八角殿、在台地上建宫室、殿宫分筑等满族独特的建筑风格也保存并展现出来。

赫图阿拉城的宫殿建筑,宫与殿分开,均建在高台上,是满族高台建筑传统;瓦当上的牡丹花纹、蕃莲纹,筒瓦滴水的虎头纹,系受辽东汉族官绅衙署居室影响;脊吻的兽头和剑柄连在一起,则有些狩猎生活的意味。

从上述内容可以看出,佛阿拉城的宫室建筑与现今满族传统民居有很多相同之处,充分展示了浓郁的满族风格。而丹青鸳鸯瓦、柱椽饰彩绘,当是受了辽东地区汉族官僚地主住宅建筑风格的影响。①

可见,在满族传统意匠中,即便是成为统治者,其房子也非常简朴,在借鉴汉民族建筑营造技艺的同时,进行了本民族的经济性改造,并最终形成非常浓郁的满民族民居建筑特征,也从侧面反映了满族追求经济、实用的价值取向。

天命十年(1625)努尔哈赤迁都沈阳。据传世史料记载,在天命七年(1622)修建辽阳东京城"八角金殿"时用了大量"龙砖彩瓦",实地考察发掘辽阳东京城皇宫旧址时却极少发现。在当时烧造黄绿琉璃瓦极不容易的情况下,辽阳东京城皇宫的那些建筑材料,当悉数运往沈阳,可见满族追求经济、实用的价值取向。

青瓦在本书研究的建筑遗产建造之时并非奢侈品,是普通人家能够享受到的较为平价的建筑材料。以"后府"为例,及至其营建时期,乌拉街业已繁荣近200年,况乎屋主人云生为打牲乌拉总管、三品大员。其住宅建造之时,应可极具华美、精致,从其"三雕"艺术可窥见一二,但尚保留了青瓦仰面铺设的硬山屋顶。除此之外,吉林省满族传统建筑遗产中的

---

① 支运亭:《从清前期皇宫建筑艺术风格看满族文化的发展趋势》,《清史研究》1997年第3期。

礼制建筑、宗教建筑上也采用这种低级别的布瓦方式，包括皇宫中也仍然保持了这种仰瓦的形式，显然经济上的考量已经不是最重要的原因，而是特意保留的民族建筑传统。

通过分析满族传统民居仰瓦的成因，笔者认为，满族传统民居建筑仰瓦形式产生的原因主要在于自然气候方面，不仅仅是为了排水，也是为了在排雪时增加房顶的稳固性。而除了自然原因，仰瓦的产生和使用也与民族性坚守有关。其作为一种特殊的文化现象而存留下来，表明满族对民族文化传统的继承和发展。

第七节　吉林省满族传统建筑权衡规则

吉林省满族传统建筑是吉林省满族人民物质和精神文明的载体，是社会不同发展阶段满民族建筑文化与建筑技术的实证，从中可一窥满民族的文化传承和发展的历史，也是中华民族传统文化的重要组成部分。

近年来，吉林省满族传统建筑遗产在文化、经济、旅游等多个领域获得了越来越多的重视和应用，如对满族传统古建筑的修缮和复原，旅游产业刺激下对满族特色小镇、特色景点的兴建以及城市建设、商铺和住宅修建中对满族传统建筑风格的借鉴等，客观上都要求对吉林省满族传统建筑的权衡规则进行详尽研究，得出科学数据，以更好地适应社会的多种需要。

一　满族传统建筑权衡规则研究意义

（一）理论意义

目前，学界对满族传统建筑的相关研究多集中在建筑形制的特色和文化内涵上，仅有的少数研究关注了满族传统建筑各构件数据，但仅局限在个案建筑数据的陈述上，对满族传统建筑的模数、权衡以及各构件的相互关系缺乏深入研究。这制约了对满族传统建筑的深入理解、传承、保护和再利用。

针对上述问题，对满族传统建筑数据进行整理、分析，总结其权衡特征，进而利用得到的数据，在参数化设计的框架下，提供满族传统建筑建模标准，能够为修复和仿制满族传统建筑和相关研究使用提供支持。

（二）社会意义

文化遗产是人类智慧的结晶，凝聚着人类生产、生活的劳动成果和丰富的情感。吉林省满族传统建筑的选址囊括了自然地理、社会生活、民俗文化、风水礼制、文化融合等诸多因素。对其权衡规则的研究，有助于深入理解吉林省满族建筑文化内涵，增强民族凝聚力。

（三）经济意义

对于吉林省满族传统建筑的权衡规则的研究，有助于在各领域促进满族传统建筑保护和再利用，推广、宣传满族文化遗产，促进文旅融合，助力地方经济发展。

二　研究方法

从文献依据和数据分析的准确性上对研究方法进行考量。通过对吉林省满族传统建筑遗产和一般性建筑的实地测量，获取足量的吉林省满族传统数据信息。结合清工部《工程做法则例》，探讨吉林省满族传统建筑遗产的权衡规律，再转化为设计参数。最后，通过划分不同类型的建筑模块，对各种建筑形式、用于区分建筑形制的特征参数、建筑基本参数、各特定构件的基本几何参数、装配参数等进行分类，形成二维和三维标准化建模集，可实现满族传统建筑标准化建模。

三　满族传统建筑权衡

（一）权衡

"权衡"即比例。在清代，官方将房屋的各部位（面宽、进深、高度、出檐等）尺寸及各种构件的尺寸都在模数的基础上规定了一个比例倍数。①

清代的建筑权衡尺寸的通则主要涉及以下几个方面：一是柱径和斗口，二是面阔和进深，三是柱高，四是步架和举架。此外还有收分与侧角，台明与上出、下出，出水和回水，以及推山法、收山法和硬山法。

清代官式建筑依据建筑等级有大式、小式之分。大式建筑也称"大木大式建筑"，主要用于坛庙、宫殿、苑囿、陵墓、城楼、府第、衙署和官修寺庙等组群的主要、次要殿屋，属于高等级建筑。小式建筑也称"大木小式建筑"，主要用于民宅、店肆等民间建筑和重要组群中的辅助用房，属于低等次建筑。由于分布在吉林省的满族传统建筑遗产主要是硬山小式建筑，所以在这里不讨论斗口及收分等，仅以柱径、柱高、面阔、进深和步架、举架为典型构件探讨其权衡制度。同时，由于这些方面能够影响和确定其他部件的尺寸，因此在这里将它们称为特定"模数"，即吉林省满族传统建筑的基本计量单位。

中国的古代建筑如果获得了上述几个方面的尺寸，就可以根据权衡制度来推算建筑的各部位、各构件的详细尺寸，可见其使用的是一种标准化施工体系。如果某类建筑是按照某种权衡制度展开的设计与施工，那么就可以获得比较确切的其他构件的尺寸信息。这对于现阶段我们开展吉林省满族传统建筑遗产数字化保护具有重要意义，有助于在建筑变形、无法通过测绘获得建筑数据、建筑被损坏、数据消失的情况下，获得比较准确的建筑尺寸，或以此作为参考开展古建筑修复和仿古建筑设计工作。

（二）清工部《工程做法则例》中的权衡制度

《工程做法则例》是清雍正十二年（1734），由允礼等编著的官式建筑通行的标准设计规范。全书共74卷，分为前后两部分。前半部为"做法"（卷1至卷47），包括各种房屋营造范例。后半部为"估算"（卷48至卷

---

① 汤崇平编著《中国传统建筑木作知识入门：传统建筑基本知识及北京地区清宫式建筑木结构、斗栱知识》，化学工业出版社，2016，第39页。

74），是关于建筑应用工料的估算额限。前半部分又分为"大木"（建筑构架，卷 1 至卷 27）、"斗科"（卷 28 至卷 40）、"装修"（卷 41）、"基础"（卷 42 至卷 47）。其中，"大木"又分为"大式"（卷 1 至卷 23）和"小式"（卷 24 至卷 27）。

《工程做法则例》中，建筑部件及部件之间尺寸的确定均可归结为由特定的模数推导而出，或以某个模数为基准进行乘除，或以某个模数为基准进行加减，从而形成特定的权衡制度。由于吉林省满族传统建筑遗产主要形制为小式建筑，因此对于其参数研究主要从小式建筑入手。

《工程做法则例》关于小式建筑的记载在卷 24 至卷 27。其中，卷 24 的范例建筑物屋架檩数为 7 根，前后出廊；卷 25 的屋架檩数为 6 根，前出廊；卷 26 的屋架檩数为 5 根，无廊。以上三卷中建筑的屋顶形式为硬山。卷 27 建筑物为卷棚，屋架檩数为 4 根。

其权衡制度如下。

1. 平面尺寸[①]

以具体的实际尺寸为准。平面尺寸主要包括面阔（宽）、进深，其尺寸大小主要受到形制、使用需求、结构用材和等级规定的影响。

面阔，即面宽，指建筑物两柱之间的横向（长向）距离。进深，指建筑物纵向（短向）的两柱间距离。

2. 柱

柱是建筑物中垂直于地面、承接上部负荷的构件。建筑上部的屋顶负荷通过柱传递到下端柱础。

（1）檐柱

"凡檐柱以面阔十分之八定高低。十（百）分之七定径寸。"[②]

即檐柱高 = 面阔 × 8/10；檐柱柱径 = 面阔 × 7/100。

[①] 清朝工部颁布，吴吉明译注《清工部〈工程做法则例〉注释与解读》，化学工业出版社，2018。

[②] 清朝工部颁布，吴吉明译注《清工部〈工程做法则例〉注释与解读》，化学工业出版社，2018。

（2）金柱

"凡金柱以出廊加举定高低。如出廊深三尺。按五举加之。得高一尺五寸。并檐柱高八尺四寸。得通常九尺九寸。以檐柱径加一寸定径寸。"[1]

即金柱高＝出廊×5/10＋檐柱高；金柱径＝檐柱径＋1寸。

（3）山柱

"凡山柱以进深加举定高低。如通进深一丈八尺。内除前后廊六尺。得进深一丈二尺。分为四步架。每坡得二步架。每步架深三尺。第一步架按七举加之。得高二尺一寸。第二步架按玖举加之。得高二尺七寸。又加平水高六寸三分。再加檩径三分之一作桁椀……并金柱之高九尺九寸得通常一丈五尺五寸七分，径寸同金柱同。"[2]

即山柱高＝进深×垂举，如进深为1丈8尺，减去前后廊6尺，得进深1丈2尺，将其四等分，每步架3尺。

则山柱高＝3尺×7/10＋3尺×9/10＋6寸3分（平水）＋檩径×1/3（桁椀）＋9尺9寸（金柱高）；山柱径＝金柱径。

（4）抱头梁

"凡抱头梁以廊定长短……以檐柱径加一寸定厚……高按本身厚每尺加二寸得高玖寸玖分。"[3]

即抱头梁长＝出廊长；抱头梁厚＝檐柱径＋1寸；抱头梁高＝抱头梁厚×1.2。

3. 屋架

（1）梁

以进深来定最下端大梁的长，以"支持此梁的柱径＋1寸"定厚，以"此梁厚＋2寸"定高。

---

[1]　清朝工部颁布，吴吉明译注《清工部〈工程做法则例〉注释与解读》，化学工业出版社，2018。

[2]　清朝工部颁布，吴吉明译注《清工部〈工程做法则例〉注释与解读》，化学工业出版社，2018。

[3]　清朝工部颁布，吴吉明译注《清工部〈工程做法则例〉注释与解读》，化学工业出版社，2018。

大梁上的梁，以步架作为基准单位来定长。高、厚则由下端梁的高、厚各自减去 2 寸。

"凡月梁以进深定长短，如进深一丈二尺，五分分之居中一分深二尺四寸，两头各加檩径一分得柁橔分位……以四架梁之高厚各收二寸定高厚……"①

即月梁长 = 进深 ×1/5 + 檩径 ×2；月梁高 = 四架梁高 –2 寸；月梁厚 = 四架梁厚 –2 寸。

（2）短柱

"凡金瓜柱以步架一分加举定高低。内除伍架梁高一尺一寸三分。得净高玖寸七分。以三架梁之厚收一寸定径寸。"②

即金瓜柱高 = 步架 × 垂举 – 伍架梁高；金瓜柱径 = 三架梁厚 –1 寸。脊瓜柱高 = 步架 × 垂举 + 平水 + 檩径 ×1/3 – 三架梁高。

（3）枋

"凡脊枋以面阔定长短，以柱径寸定高，厚按本身高收二寸。如脊枋不用垫板按檩径十分之三定厚。"③

即脊枋以"面阔 – 柱径"定长，以柱径定高，以"脊枋高 –2 寸"定厚。如脊枋不用垫板，则以"檩径 ×3/10"定厚，以"脊枋厚 +2 寸"定宽。

4. 檩

"凡檩木以面阔定长短，如独间成造者，应两头照柱径各加半分，若有次间、稍间者应一头加山柱径半分，径寸俱与柱同。"④

---

① 清朝工部颁布，吴吉明译注《清工部〈工程做法则例〉注释与解读》，化学工业出版社，2018。
② 清朝工部颁布，吴吉明译注《清工部〈工程做法则例〉注释与解读》，化学工业出版社，2018。
③ 清朝工部颁布，吴吉明译注《清工部〈工程做法则例〉注释与解读》，化学工业出版社，2018。
④ 清朝工部颁布，吴吉明译注《清工部〈工程做法则例〉注释与解读》，化学工业出版社，2018。

即檩木以面阔定长，如为独间，明间檩木以"面阔＋柱径×2×1/2"定长。如有稍间，檩木以"面阔＋山柱径×1/2"定长。径均与柱径相同。

5. 椽

"凡前后椽以山廊并出篇加举定长短，以檩径十分之三定见方。"[1]

即前后篇椽以"（山廊＋出篇）×斜举"定长，以"檩径×3/10"定见方。

由此可见，《工程做法则例》中，关于小式建筑的权衡规则如下。

面阔、进深、廊宽，以实际尺寸计算。

面阔尺寸可以控制檐柱高与径、脊枋长、垫板长、檩长。

进深尺寸可以控制步架、最下端梁长、月梁长。

步架尺寸控制山柱高度。可以得到短柱高、最下端梁长、以上梁长、椽长。

廊宽尺寸控制金柱高、抱头梁长、穿插枋长。

根据檐柱径尺寸可以得出金柱径、抱头梁厚、枋高、檩径、最下端梁厚；根据金柱径可以得到山柱径。根据枋高可以得到枋厚、穿插枋高、垫板宽。根据枋厚可以得到穿插枋厚。

根据金柱径可以得到最下端梁厚。

根据最下端梁厚可以得到最下端梁高、以上梁厚。

根据以上梁厚可以得到短柱径。

根据檩径可以得到垫板厚。

另外，还有些权衡尺寸，如柱径与柱高比例为1∶11；台明高为柱高的1/5或柱径的2倍，或为柱高的1/7～1/5，宽按下出（自檐柱中至台明外皮的距离）；下出一般为4/5上檐出，或2.4倍檐柱径；上出（自檐柱中至飞椽外皮的距离）为柱高的1/3。

---

[1] 清朝工部颁布，吴吉明译注《清工部〈工程做法则例〉注释与解读》，化学工业出版社，2018。

（三）吉林省满族传统建筑权衡规则研究

1. 研究方法

对照清工部《工程做法则例》中权衡规则，将实地测定得到的吉林省满族传统建筑遗产尺寸数据进行整理和分析。

具体研究方法如下。

第一，选取布尔图库苏巴尔汉边门衙门遗址兵丁房、乌拉街"后府"正房、乌拉街"后府"西厢房、"魁府"正房、"魁府"西北厢房五处建筑遗产作为研究目标地点，初步按照檐柱高、总面阔、进深、屋顶高度、屋身高度、面阔（均）、山柱高等尺寸开展关于权衡的探讨。

第二，比照《工程做法则例》中小式建筑做法权衡规则，分别计算吉林省满族传统建筑遗产中各部件之间的关系，确定部件之间的控制关系，并计算出权衡规则。

2. 研究过程

从清工部《工程做法则例》中可知，清代小式建筑主要作为控制"模数"的元素有面阔、进深、步架、檐柱高。由于吉林省满族传统建筑遗产的屋顶具有典型特征，因此在外观观察的前提下，将檐柱高、总面阔、进深、屋顶高度、屋身高度、面阔（均）、山柱高作为权衡数据的控制要素。

测得的数据见表1-5。

表1-5 吉林省满族传统建筑遗产的典型构件及其比例关系

单位：毫米

	布尔图库苏巴尔汉边门衙门遗址兵丁房（三间）	乌拉街"后府"正房（五间）	乌拉街"后府"西厢房（五间）	"魁府"正房（三间）	"魁府"西北厢房（三间）
檐柱高	1790（包在槛墙内）	3220	3105	3127	3105
总面阔	9500	15250	13400	11145	10000
进深	6350	10000	9650	9534	8275

	布尔图库苏巴尔汉边门衙门遗址兵丁房（三间）	乌拉街"后府"正房（五间）	乌拉街"后府"西厢房（五间）	"魁府"正房（三间）	"魁府"西北厢房（三间）
屋顶高度	2217	3450	3453	3563	3204
屋身高度	2425	3644	3325	3510	3076
面阔（均）	$9500 \div 3 \approx$ 3166	$15250 \div 5 =$ 3050	$13400 \div 5 =$ 2680	$11145 \div 3 =$ 3715	$10000 \div 3 \approx$ 3333
测得山柱高	4642	7094	6778	7073	6280
步架	2117	3333	3216	3178	2758
进深：山柱高	1.368	1.410	1.424	1.348	1.18
屋顶：屋身	0.9142	0.9468	1.0385	1.0151	1.0416
计算得出山柱高	4756	7299	7054	6973	6092

资料来源：笔者根据实地测定数据整理、计算所得。

从选取的乌拉街四个目标建筑遗产来看，尽管其面阔各不相同，但是其檐柱高都在 3100～3200 毫米，除去建筑变形、施工误差等因素，则檐柱高的尺寸差别可忽略不计。

布尔图库苏巴尔汉边门衙门遗址兵丁房的檐柱出于后期维修等原因，被包括在槛墙之内，因此无法测得准确的檐柱全高度，但依据台基进行推算，其檐柱高与面阔无关。

因此，与清工部《工程做法则例》中的记载不同，吉林省满族传统建筑遗产的面阔与檐柱高无关。

满族传统建筑硬山屋顶在外观上呈现等边三角形，且屋身和屋顶比目测相等，据此推测其屋身高度（推测山柱约高）与进深有一定关系。

依据对五个样本的测绘得知，进深与山柱的比值在 0.9～1.0，刨除建筑变形、人工施工误差和由于山柱隐藏而无法测得而利用山墙推测的误差，则可见吉林省满族传统建筑的进深与山柱具备尺寸关系，其权衡比例约为 1。

同时，其屋顶与屋身比也约为 1。

与此同时，依据清工部《工程做法则例》中的权衡规则，分析山柱高与进深、步架的关系。

根据清工部《工程做法则例》对山柱高与步架关系的描述，山柱高 = 进深×垂举，即山柱高 = 3 尺×7/10 + 3 尺×9/10 + 6 寸 3 分（平水）+ 檩径×1/3（桁椀）＋金柱高。

以布尔图库苏巴尔汉边门衙门遗址兵丁房为例，其步架为 2117 毫米，则按照计算规则，山柱高 = 4756 毫米。实际测得的山柱高为 4642 毫米。则误差为 114 毫米。其他四个样本的误差在 200 毫米。除去建筑变形等因素，则误差可忽略不计。

据此，吉林省满族传统建筑的山柱高与步架的权衡关系符合清工部《工程做法则例》的规定。

通过实地测量，可以得出吉林省满族传统建筑遗产的典型构件及比例关系。

四　结论

通过对吉林省满族传统建筑遗产的五个样本数据的分析和计算可知，吉林省满族传统建筑遗产的面阔与檐柱高无关，檐柱高与屋身高相关，面阔与进深无关，进深与屋高（山柱高、屋顶高）有关，进深与山柱高的比例为 1∶1，屋顶高与屋身高的比例为 1∶1。

山柱高符合清工部《工程做法则例》的权衡规则，即金柱高也符合权衡规则，则可以此推测其他构件尺寸。

本书以实际测量的尺寸数据为基础，明确吉林省满族传统建筑遗产之权衡尺寸是否符合清工部《工程做法则例》对于小式建筑的规定，为吉林省满族传统建筑遗产数字化保护建模、修复与仿古建筑设计奠定基础。同时，也可由此深入认识满族传统建筑的营造规则和吉林地区的地方做法，为相关研究提供支持。

第二章　吉林省满族传统建筑遗产数字化保护技术分析

　　对建筑遗产开展数字化保护，业已成为全球范围内文化遗产保护与利用中一种普遍采用的方式，也是我国文化遗产保护研究与实践的热点领域。随着新一轮信息技术革命的爆发，数字时代到来，可用于建筑遗产保护和利用的数字化技术与手段不断更新迭代、推陈出新。尤其是近些年，数字化技术的普及性显著提升，借由数字化手段展示和传播建筑遗产文化，打破了传统展示的时空限制，逐渐成为向大众传播传统建筑文化的一种新形式。建筑遗产的数字化保护，可以在交互中使大众沉浸式地感受传统文化遗产的深厚历史底蕴与独特魅力，还能使其展望科技创新带来的崭新图景。而建筑遗产数字化展示这种与大众热烈互动的新手段，亦反哺了建筑遗产的数字化保护，让数据与文化、艺术紧密联结在一起，使文化遗产在日新月异的技术更迭中脉络日益清晰并焕发勃勃生机。

　　相较于传统的文化遗产保护，数字化保护具有保护效率高、安全系数高、保存质量佳、数据资源全面、精准度高、可实现无损保护等优势，对贯彻落实古建筑保护政策、传承传统文化、推动中国式现代化具有积极意义。

　　目前，建筑遗产数字化保护领域使用的技术主要包括数据采集技术、数据处理技术以及数据存储、展示和传播技术。应用最多的是数字测绘技术、计算机制图和建模技术、虚拟现实技术、数据库技术等。对于不同保护等级、不同地区、不同类型的建筑遗产，需要在研判的前提下，采用合理、适宜的数字化保护技术。

本章通过对吉林省满族传统建筑遗产数字化保护的技术分析，一方面确定在吉林省满族传统建筑遗产数字化保护中的具体技术手段，另一方面形成一套具有一定代表性的技术框架和经验做法，以期为相关研究和实践提供一定参考。

第一节　吉林省满族传统建筑遗产数字化保护的测绘方法

古建筑测绘是对古建筑的相关信息及其随时间变化的信息适时进行采集、测量、处理、显示、管理、更新和利用的技术和活动。[①] 对于建筑遗产的测绘，要在充分考虑其保存现状、历史信息、文化价值、艺术特征的基础上，兼顾建筑遗产的大小、形制以及数据用途等因素，据此选择对应的测绘等级、手段、工具等，继而确定测绘流程。

吉林省满族传统建筑以民居建筑为主，形制上主要为小式建筑，并采用了诸多地方做法，同时存在全域分布较为分散、保护级别不高、保存现状不佳等问题。结合本章课题研究的测绘目标，在进行测绘等级设定时，采用了典型测绘，即对最能反映历史建筑特定形式、构造、工艺特征及风格的典型构件进行测量，在满足正态分布的条件下，利用平均值数据计算并处理相关数据信息。

在测绘手段方面，以手工测绘为主，辅以全站仪测绘技术、近景摄影技术、3D 扫描技术等测绘技术，一方面克服了测绘对象完整性不足的弊端，另一方面也保证了测绘数据的准确性。

一　吉林省满族传统建筑遗产数字化保护测绘的等级

吉林地区现存的满族传统建筑遗产大部分为民居建筑，此外也存在部分宗教建筑、衙署和礼制建筑，除宗教建筑的部分主殿和文庙为大式建筑外，民居、衙署、宗教建筑和文庙配殿形制皆为小式建筑，大式建筑也由

---

① 王其亨主编，吴葱、白成军编著《古建筑测绘》，中国建筑工业出版社，2006。

于地域性而呈现出显著的民族特征，与官式建筑做法有一定区别。

与此同时，本书中涉及的吉林省现存的满族传统建筑遗产中，国家级重点文物保护单位为2处，省级文物保护单位为8处，遗产建筑由于年代久远以及重建、重修等活动，其典型特征完整性不足，因此在进行踏勘、测绘时，确定选用典型测绘等级。

典型测绘等级是为了建立文物档案、实施简单的文物修缮工程，或出于研究目的进行测绘的级别。[①] 典型测绘与全面测绘不同，并不需要在测绘中涵盖所有构件和部位，只需要对典型构件进行测绘即可。所谓典型构件，是指那些最能反映特定的形式、构造、工艺特征及风格的原始构件。因为"在古建筑中，同一类构件往往不止一个，如斗拱中的斗、昂、枋乃至大木构件中的柱、梁等。对这些重复的构件或部位，可不必逐个测量，而只选测其中一个或几个典型构件。不过测量范围要覆盖所有类别的构件或部位，不能在类别上有遗漏"。[②] 这里的类别需要按构件的样式和设计尺寸来划分，只有在样式和尺寸均相同的情况下，方可视为同类构件并进行数据处理。若仅样式相同，但尺寸并不相同，则不可以视作同一类构件。

典型测绘可在对建筑体的整体控制下，借由典型构件分析、推断，得出该建筑的设计尺寸和法式特征，在建筑信息已经变形的情况下，可提供一个比对的理想模型，并为接下来的模型建构和科学研究提供可靠数据。

根据第一章第七节"吉林省满族传统建筑权衡规则"得出的结论，结合吉林省满族传统建筑遗产的情况，选取典型构件情况见表2-1。

表2-1　典型构件

序号	名称
1	进深
2	步架
3	山墙高

① 何力：《历史建筑测绘》，中国电力出版社，2010。
② 王其亨主编，吴葱、白成军编著《古建筑测绘》，中国建筑工业出版社，2006。

序号	名称
4	屋身高
5	屋身宽
6	烟囱
7	装饰
8	檐柱
9	枋
10	梁
11	抱头梁

需要注意的是，在建筑遗产的测绘过程中，势必存在未能探明的部分，如被屋顶覆盖的梁架结构、飞椽后尾、望板、角梁上部等隐藏部分和材料，这些未能探明的部分需要在测绘成果中做留白处理，而不能推测、杜撰，这些留白的部分，等有条件时，如在将来进行建筑挑顶维修、更换椽子时，有望测得并加以补充修正，使研究数据更加准确。

在吉林省满族传统建筑数字化保护的测绘留白中，具体留白处理部分见表2-2。

表 2-2　吉林省满族传统建筑留白部分

序号	名称
1	山柱
2	金柱
3	梁架结构件

二　吉林省满族传统建筑遗产数字化保护测绘的手段

（一）手工测绘

"手工测绘"主要使用的工具有皮卷尺、钢卷尺、小钢尺、角尺、水平尺、垂球、手持式激光测距仪等。手工测量的实质是把建筑的测量问题转化为距离测量问题，利用尺具进行距离测量和简易高程测量，再通过直角坐标和距离交会法进行平面定位的一种测绘手段。

目前，在传统建筑测绘中，手工测量仍然占据主导地位。这主要是由传统建筑类型复杂、构件多样、保存完整性不足、现场条件限制以及对测绘人员专业素养要求高等原因造成的。以吉林省满族传统建筑遗产为例，其建筑体量小、分布松散，除部分文物保护单位保存较为完好外，一般性建筑有改建、加盖、覆盖等情况，需要具备建筑学、古建筑学、艺术学等综合素养，熟悉测绘对象的相关历史、结构、特征及其构造知识的测绘专业人员在抽丝剥茧地一步步分析、整理的前提下进行测量和记录。

此外，对于异形轮廓或雕刻较浅的纹样，以及因遮挡关系而无法正面获取影像资料的部位等，在无损建筑遗产的前提下也需要进行实拓或者描画，再利用拓样量测相关数据，其测量的效率和精度也更高。

以吉林市龙潭区乌拉街镇"后府"建筑测量工作为例，作为保存了吉林地区较为完整的砖雕与石刻的民居建筑，"后府"的砖雕和石刻艺术样式、题材丰富，纹样无重复，因此在测绘过程中，测绘人员对这些砖雕、石刻进行了摄影和描画，再根据图片进行数据量测，获得了较为完整的数据信息。

（二）数字测绘

2004 年，北京故宫正式启动数字化测量技术研究，以徕卡公司为技术支持，对太和殿、太和门等五处古建筑实施三维数据采集工作，这个项目的实施标志着数字化技术在中国正式进入建筑遗产测绘及保护领域。将数字化技术应用于传统建筑遗产的保护中来，对建筑遗产的地理区位、空间数据、构件尺寸等展开立体化的收集与整理，为研究、保护、利用以及后续维修工作的开展提供了真实、可靠的数据信息。

针对吉林省满族传统建筑遗产开展的测绘工作，在手工测绘的基础上，结合数字测绘技术，为传统建筑遗产数字化保护带来了更为便捷、高效、科学的手段和更为准确的数据。特别是对那些难以测绘的建筑部分，如建筑物顶面等，利用数字化测绘技术能够实现更加经济、便捷的数据采集。

吉林省满族传统建筑遗产测绘工作主要使用的数字化测绘技术有数字近景摄影测量技术、三维激光扫描技术和电子全站仪测量技术。

1. 数字近景摄影测量技术

数字近景摄影测量技术是当下信息化测绘领域中的一项新技术，近些年被广泛地应用于文物遗产保护领域。数字近景摄影测量技术是利用设备获取数字影像后，利用计算机进行图像的处理和匹配，借助专用软件自动识别相应像点及坐标，解析后确定目标建筑物的三维坐标，并输出数字高程模型、正射影像及矢量线划图等，是利用摄影相片进行三维立体测量的一种重要技术手段，具有直观、逼真、精确等特点。

数字近景摄影测量的一般流程如下：

①影像数据采集→②数据处理→③三维建模→④纹理映射。

数字近景摄影测量技术的优势在于，能够对那些不能接近、不易接近，或是不能实施常规直接测量的建筑物及其部件进行测量，比如建筑遗产的屋面、坡屋面等手工测量和地面激光扫描受限的区域。运用数字近景摄影技术能够获取全方位的近景相片，再与三维点云数据配合，精确地采集建筑遗产真实三维信息和纹理信息，并生成建筑的三维模型，实现对建筑遗产真实风貌的写实再现和记录存档，为修缮和恢复建筑遗产提供了重要的数据和模型支持。

数字近景摄影测量技术一般搭配无人机使用，在时效性、安全性、信息量和效率性方面有着其他测量方法所不能比拟的优势。

吉林省满族传统建筑遗产数字近景摄影测量的对象有两类。一类是文物保护级别较高的建筑物。对其使用该技术，可以避免在实地测绘中对文物造成损坏。另一类是使用手工测绘难以达到测量目的的建筑物。测量后，经过计算机图像处理，最终可获取吉林省满族传统建筑遗产的立面图、平面图、摄影图以及吉林省满族传统建筑遗产典型构件的测绘数据。

吉林省满族传统建筑遗产数字近景摄影测量主要采用大疆 DJI 筋斗云

S900 型号无人机，搭载五拼倾斜相机（见图 2 – 1），对建筑遗产立体空间进行拍摄。

以四平市布尔图库苏巴尔汗边门衙门遗址测绘工作为例，图像分辨率设置为 6048 像素 ×4032 像素，照片重叠率保证在 60% 以上，对建筑遗产中纹理信息不明显的地方要增加拍摄数量，以满足计算机分析要求。

图 2 – 1　吉林省满族传统建筑遗产数字化近景摄影测量工具

资料来源：笔者拍摄。

为了保证测量的准确性，在布尔图库苏巴尔汗边门衙门遗址采集数据时，在正房房门位置放置了一把长度 1 米的钢尺，后期可通过对比量测建成的模型中钢尺的长度，推算出建筑物的真实尺寸，与实际量测数据比较，增强数据准确性。

在内业作业中，采用应用相对较广的 Agisoft PhotoScan 软件进行数据解算和三维模型建构，在获取的图片基础上生成建筑遗产的三维模型。

其主要工作内容包括：（1）特征点提取及影像匹配；（2）密集点云生成；（3）DSM（Digital Surface Models，数字表面模型）自动提取及纹理生成。

【步骤 1】 依据建筑三维形态,为近景摄影测量的立体像对寻找足够数量的绝对定向点。

【步骤 2】 对采集的布尔图库苏巴尔汗边门衙门遗址三维影像数据,采用图像处理软件对左右相片先进行一系列的增强处理,如线性增强、非线性增强、分段线性增强、均匀化增强等。再使相片灰度化,从而使左右相片中建筑物部位的对比度、亮度和灰度值尽量接近,便于精确识别同名点。

【步骤 3】 在灰度化处理后的像对上,采集 9 个以上相对定向点,通过相对定向计算,解算相对定向元素。

【步骤 4】 通过在左右像对上选择绝对定向同名点,选择相应于此点的三维影像数据所采用的坐标系中的坐标值。

【步骤 5】 密集点云生成。

【步骤 6】 DSM 自动提取及纹理生成。

【步骤 7】 依据无人机扫描获取的高精度 DSM 数据,利用 Context Capture 三维建模软件进行实景建模。

2. 三维激光扫描技术

三维激光扫描技术,又称实景复制技术,诞生于 20 世纪 90 年代中期,是获取建筑空间信息的一种全新技术手段,其核心部分是三维激光扫描仪。三维激光扫描仪由高清摄像机、反光棱镜、激光测距仪等组成,能在数分钟内就为建筑遗产建立详尽、准确的三维立体影像,并提供准确的定量分析。

三维激光扫描测绘的原理是根据测量激光束的发射与返回时间,测得测站点到扫描点之间的斜距。再配合扫描竖直角和水平角,求出测站点、各扫描点间的坐标差。如已知某个定向点与测站点坐标,则可求出各扫描点的三维坐标。

三维激光扫描技术具有非接触性、数据采样率高、采集效率高、分辨率高等优点。特别是在测绘和采集传统建筑遗产数据时,大部分建筑由于年代久远而普遍存在倾斜、变形等尺寸、性征改变情况,使用三维激光扫描技术，可以精确扫描其现状，能更准确地进行数据勘误，相比其他测绘手段，更容易发现这些建筑遗产中存在的结构变形等问题，为日后的修缮、日常维护、建筑遗产展示和传播提供更高精度的数据。

与此同时，三维激光扫描技术与数字近景摄影测量技术一样，可以有效解决目标测量地复杂的周边环境和建筑形态造成的实际测绘问题。

用三维激光扫描仪对吉林省满族传统建筑遗产进行扫描，使以往运用传统测绘手段开展的单点数据采集变为连续的、多点的自动数据获取，最终采集的点数据称为"点云"。点云是带有三维坐标的点所组成的集合，这些不同角度的点云数据拼接成为立体的点云图形。作为一种类影像的向量数据，点云图形经模型化处理，可以实现直接在点云中进行建筑遗产的空间量测。同时，将这些获取的点云数据整理至 Auto CAD 软件，可以完成吉林省满族传统建筑遗产平面图、剖面图、立面图等图纸的绘制，并通过点云建立立体模型，用于后续的研究。

三维激光扫描技术在吉林省满族传统建筑遗产数字化保护中的主要工作内容如下。

【步骤 1】根据吉林省满族传统建筑遗产外形特征、三维影像数据，决定 3D 激光扫描仪具体需要扫描的站数。

【步骤 2】开启扫描仪后，将其固定于地面等稳定的地方，保持扫描仪的稳定状态。确定倾角，调整参数，依据扫描对象的大小和数据用途，进行扫描仪参数设定，如对一些次要的吉林省满族传统建筑构筑物，扫描质量不需要设定过高。

【步骤 3】开始对目标对象进行扫描，表面的重复度不低于 30%。

【步骤 4】在重复区域内提取 2～3 个共同特征点，利用转换公式计算转换参数，实现三维激光扫描影像数据的合并和拼接。

【步骤 5】利用所采集的三维激光点云数据，进行各种后期处理工作，如吉林省满族传统建筑遗产的各部尺寸测量、图纸制作、三维建模等。

3. 电子全站仪测量技术

电子全站仪测量技术相比较前两种数字化测绘技术，属于相对传统的数字测绘手段，其核心是依托由电子经纬仪、光电测距仪、数据记录装置组成的电子全站仪设备和其内置的软件，实现对吉林省满族传统建筑遗产的距离测量、角度测量、高差测量、坐标测量等。再将全站仪外业采集的数据和计算机连接起来，配以数据处理软件和绘图软件，进而获得相关数据和图纸。

目前各类型的全站仪都具备免棱镜测距的功能。免棱镜测距全站仪的优势是，测量时不需要接触建筑遗产的实体，也不需要在观测点上安装棱镜。免棱镜测距全站仪直接瞄准观测点，测距光束经自然表面反射后可直接测量距离和坐标等信息，实现了"所瞄即所测"。之后，在内业中对所测的吉林省满族传统建筑遗产的相关数据信息进行图形编辑与处理。

将数字化测绘技术引入吉林省满族传统建筑遗产保护工作，能够更精确地完成对建筑遗产的测绘，进而为吉林省满族传统建筑遗产保护、维修及重建工作等提供更准确、可靠的数据支持。并在此数据基础上，通过各类计算机数据处理技术方法，精确、清晰且完整地绘制建筑图纸，并构建三维立体模型，这样，可以为吉林省满族传统建筑遗产的风貌保存、展示与传播等工作的开展奠定坚实的基础。

三　吉林省满族传统建筑遗产数字化保护测绘的工作流程

吉林省满族传统建筑遗产数字化保护测绘的工作流程分为前期勘测、外业数据采集、内业数据处理三个阶段。

在前期勘测阶段，需要实现对吉林省满族传统建筑遗产资料的收集、整理和分析，查阅相关档案文献和图纸，了解测绘对象的历史背景、分布和法式特征等。继而开展现场踏勘，确认工作条件，并准备与测绘对象相适应的相关仪器与设备，选取测绘方法。如使用数字化测绘技术，则在前期勘测阶段，需要对对象特征点、控制点等进行预判，并在开展外业数据采集之前，制订包含工作期限、进度、人数、设备、分工等内容的测量方案。

在吉林省满族传统建筑遗产的外业数据采集阶段，采取手工测绘手段时，需要通过现场细致观察，徒手勾画出测绘建筑单体和院落的平面图，各建筑的立面图、剖面图和细部详图。草图应该能清楚、准确地反映拟测绘目标建筑各部位的形式、结构、构造以及大致比例。运用数字测绘技术时，则需要根据建筑遗产情况明确控制点，一般是以吉林省满族传统建筑遗产的重要位置及边缘为目标点。

需要注意的是，在外业数据采集后，测量人员要及时勘误。因为在外业测绘过程中，人员难免有疏忽、遗漏和失误，也存在测图勾画不清晰、不准确的情况，同时机器设备也难免有误测。另外，在尺寸信息较多的情况下，也需要尽快进行整理和记录，避免遗忘。

因此，在对吉林省满族传统民居遗产进行外业测绘时，需保证对所测数据在测量当天就进行细致的核对与整理，及时发现问题，及时处理和解决。如测稿上存在交代不清、勾画不准、标尺标注混乱的地方应马上重新展开再次测绘。对于尺寸信息要及时核对、修正，并填写数据表单。仪器草图完成后要比照实物核对，发现遗漏、错误的地方，并分析产生的原因，及时补测或复测，修正数据后改正图上的错误。这个过程将反复进行，以确保数据的准确性。

在内业数据处理阶段，对所获得有关吉林省满族传统建筑遗产的数据信息进行综合整理，并编目保存。主要是对测稿、拓样、照片、录像、仪器图纸等进行信息整理、分类，并制成数据表格，对测稿、仪器草图、电子文件、文字报告等编目储存。

最终，根据测稿、仪器图纸的数据，借助计算机数据处理软件，完成正式的吉林省满族传统建筑遗产成果图稿，为后续工作的开展做准备。

第二节　吉林省满族传统建筑遗产数字化保护的数据处理技术

吉林省满族传统建筑遗产数字化保护的数据处理技术是指根据前期实地测绘采集到的建筑遗产数据信息，传输到计算机终端，借助计算机数据处理软件和绘图软件，进行较为精确的图纸的绘制和集成数据的三维模型建构，其图纸和模型具备精确的建筑及建筑各构件的尺寸，同时准确表现建筑外观、构件、结构以及构造等信息。数字化处理成果包括二维图纸、三维模型两类。

在对吉林省满族传统建筑遗产进行数据处理之前，需要就采集的数据进行分析，特别是对暂时无法采集到的构件的尺寸，需要在权衡规则的控制下，通过样本均值的方法进行计算。

一 数据获取的方法

（一）样本均值

"样本均值"（sample mean）又叫样本均数，是指在一组数据中所有数据之和再除以这组数据的个数。它是反映数据集中趋势的一项指标。

样本均值的抽样分布是所有的样本均值形成的分布，即 μ 的概率分布。样本均值的抽样分布在形状上是对称的。随着样本量 n 的增大，不论原来的总体是否服从正态分布，样本均值的抽样分布都将趋于正态分布，其分布的数学期望为总体均值 μ，方差为总体方差的 $1/n$。

当样本容量 n 足够大时，不论样本中的个体原本服从什么类型的分布，样本平均值的分布都趋向正态分布，正态分布曲线关于 $x = \mu$ 对称。

由于吉林省满族传统建筑遗产各建筑要素之间具有一定的比例控制规则（第一章第七节），因此通过样本均值的方式，将原始数据整理为各类数据，如柱梁类构件数据、平面数据、屋架数据等，每类构件的测量值可被看作相对于此类构件总体的样本。对于测量数据的处理是通过样本测量数值对总体平均值进行估计。总体平均值是理想状态下的吉林省满族传统建筑参数，在测量不能达到数据采集的条件下，可以作为建模的依据之一，通过典型构件的数值绘制二维图纸和搭建三维模型。

此外，原始数据本身存在建筑变形误差、修缮误差和测量误差等问题，因此，若选用样本均值法，通过扩大统一尺寸的样本数量，在其上进行数据处理，得到的结果更易剔除误差，可能更接近真实原始设计尺寸。

（二）比例尺选择

古建筑测绘一般比例尺较大，同时要求门窗按实际投影绘制。吉林地区的满族传统建筑遗产数字化保护对象主要为单体建筑和院落建筑，体量较小，为了更好地记录和保留建筑信息，其平面图、立面图、剖面图采用1∶50和1∶100两个比例，而大样图则采用1∶10和1∶20两个比例尺，更好地表现建筑遗产细部情况（见表2－3）。

表2－3　比例尺选择

序号	项目	比例选择	备注
1	单体各层平面图	1∶50、1∶100	建筑的开间、进深、墙体厚度、标明台明、踏跺、柱子的位置、尺寸及地面的铺贴方式 室内家具、雕塑、石碑等，标出位置和形状，并加以文字说明
2	单体立面图	1∶50	建筑立面主要构件的尺寸，如屋身的长度、高度，斗拱层的高度，檐部的厚度等 正脊、鸱吻、垂脊、排山勾滴的交接关系和数目 悬鱼、惹草应附大样图 注明瓦陇、瓦勾、飞椽、檐椽的个数 隔扇、板门
3	单体剖面图	1∶50	剖面图的重点在立面图的尺寸基础上，着重表现屋架的结构形式 歇山、悬山屋顶的山面出际部分 注意排山勾滴、山花、搏缝板、悬鱼、惹草之间的相互关系 内檐和外檐装修部分
4	节点大样图	1∶10、1∶20	斗拱、月梁、角梁、藻井 大样图一般包括三个视图：正视图、侧视图和仰视图
5	梁架仰视图	1∶50	记录梁、檩、枋、板、椽等构件以及斗拱布置方式、数量、相互之间的组合关系

二　二维数字信息处理技术

Auto CAD 是 Autodesk 公司于 1982 年首次开发的自动计算机辅助设计软件，用于二维绘图、详细绘制、设计文档和基本三维设计，现已经成为国际上广为流行的绘图工具。

作为一种常见的计算机辅助设计软件，Auto CAD 一直占据建筑制图的主流地位。它是依托计算机系统辅助人工完成设计工作的一项技术手段，采用强大的数据运算系统以及高效的图像处理能力，通过编写计算机程序快速获得计算结果，实现了图像绘制等多个方面的应用技术，提高了图纸信息准确度和制图效率。

在建筑遗产数字化保护领域，专业人员可以通过 Auto CAD 软件对测图等进行编辑加工，实现平面绘图、数据交换、网络功能、标注尺寸、辅助工具、图层管理等。

在吉林省满族传统建筑遗产数字化保护方面，Auto CAD 主要被应用于单体建筑和建筑群的平面图、立面图、大样图、剖面图等图纸的绘制以及权衡规则的控制。

（一）吉林省满族传统建筑遗产数字化保护中 Auto CAD 的工作过程

1. 场地资料整理阶段

在场地资料整理阶段，需要对测绘阶段的草图、机器测图等资料进行分类、整理，并绘制建筑底图，或对照检查现场勘测的原始勘测图纸，以备后期使用。

2. 绘制图纸阶段

应用 Auto CAD，绘制吉林省满族传统建筑遗产的单体建筑和建筑群的平面图、立面图、大样图、剖面图等图纸。

3. 图纸检查阶段

通过实地勘误与原始场地信息对比等手段，对图纸进行检查。这个阶段是个反复订正的阶段，直到确定各数据准确、无误、全面。

（二）吉林省满族传统建筑遗产数字化保护中使用的 Auto CAD 工具

1. 绘图类

直线类——L；构造线——XL；多段线——PL；多线——ML；正多边形——POL；矩形——PEC（rec）；圆弧——A；圆——C；圆环——DO；椭圆——EL；创建块——B；插入块——I；保存——W；显示点——AIT + O + P；定数等分——DIV；定距等分——ME；多行文字——T；单行文字——DT；修改文字——ED；文字样式——ST；图案填充——H；编辑多线段——PE。

2. 修改类

删除——E；复制——CO 或 CP；偏移——O；移动——M；镜像——MI；阵列——AR；旋转——RO；缩放——SC；拉伸——S；修剪——TR；延伸——EX；拉长——LEN；打断——BR；倒角——CHA；圆角——F；分解——X；对齐——AL；重生成——RE；查询列表——LI；颜色——COL；清屏——CTRL + O；特性匹配——MA；对象编组——G；测量——AA。

3. 标注类

线性标注——DLI；对齐标注——DAL；半径标注——DRA；直径标注——DDI；角度标注——DAN；快速标注——QDIM；基线标注——DBA；连续标注——DCO；引线标注——LE；编辑标注——DED；标注样式——D；公差——TOL；线宽——LW；线型——LT；帮助——F1；文本窗口——F2；对象捕捉——F3；等轴测图方向——F4；栅格——F7；正交——F8；捕捉——F9；极轴——F10；对象追踪——F11；坐标标注——DOR。

（三）吉林省满族传统建筑遗产数字化保护中使用 Auto CAD 制图的具体步骤

在吉林省满族传统建筑遗产数字化保护中使用二维数字信息处理软件

Auto CAD 制图，主要是利用正投影，辅以轴测图和透视图，依据国家制图标准绘制出成套图纸，以标记和记录吉林省满族传统建筑遗产的总体布局、单体形状、尺寸、结构、构造、装修、材料等。

1. 单体建筑平面图制图步骤

单体建筑平面图就是单体建筑的水平剖视图，即假设用一个水平面把整座建筑物窗榻板上部切掉，无槛窗在距室内地面 1200～1500 毫米的位置，画出俯视它留下部分的水平正投影图，就是平面图。

吉林省满族传统建筑遗产的单体建筑平面图主要表现该建筑的柱网、面阔、进深的大小，墙壁的分隔和厚度，门窗的位置及大小，还有踏跺、垂带石、地面及檐内外装修等细部。如果所绘制的吉林省满族传统建筑遗产是多层的，如寺庙大殿等，则建筑各层均需绘制独立平面图。如果在同一张图纸上绘制多于一层的平面图，各层平面图应按层数的顺序从左至右或从下至上布置。

此外，对于吉林省满族传统建筑遗产，还应绘制其梁架结构的仰视平面和屋面俯视平面图。

绘制的一般步骤如下：

【步骤1】绘制出建筑遗产各开间面阔、进深和柱子之间的纵横中线，并仔细核对各开间的分尺寸、总尺寸是否一致（次要尺寸服从主要尺寸，分尺寸服从总尺寸，少数尺寸服从多数尺寸）。

【步骤2】绘制出建筑遗产的檐柱与金柱的柱径、柱础及柱顶石。

【步骤3】绘制出建筑遗产的墙壁、门窗及细部装饰等。

【步骤4】绘制出建筑遗产的台明阶条石、地砖、踏跺、垂带石、散水等。

【步骤5】对建筑遗产的柱、墙壁、门槛窗剖面线及外轮廓线径进行加粗处理。

【步骤6】选取细线画出剖面建筑材料质地纹样。

【步骤7】标注建筑遗产的尺寸、详图索引符号、标高、注字、指北针、图名、比例、图框、图标等。

2. 建筑群总平面图的制图步骤

建筑群总平面图是指建筑群的总体布局以及它们之间的组合关系。吉林省满族传统建筑遗产无论形制和规模大小，几乎都采用中轴线布局方式，即以主要建筑物为轴线左右分布。

根据这一特点，在绘制吉林省满族传统建筑遗产总平面图时，分以下几个步骤进行：

【步骤1】绘制出建筑群（院落）中轴线，并按顺序画出各主体建筑。

【步骤2】绘制出除轴线主体建筑以外的各种附属建筑及相关的院墙、构筑物等。

【步骤3】对图纸上各线条进行加工，并对外轮廓线径进行加粗处理。

【步骤4】绘制出指北针、图名、比例、注字、图框、图标等。

3. 建筑立面图绘制步骤

建筑立面图分为正立面图、侧立面图、背立面图。按照投影原理，立面图应绘制建筑立面上的所有部分，如台基、房身、屋面各个部位。

吉林省满族传统建筑遗产正投影立面图制图步骤如下：

【步骤1】以建筑遗产的平面图确定立面中的各个开间和柱子位置，由剖面图确定各部位标高。

【步骤2】绘制出建筑遗产的台明、陡板、柱础、踏跺，有的还有栏杆等。（如有）

【步骤3】绘制出建筑遗产的门、槛墙、槛窗、垫板、枋，以及多层建筑的挂落、木栏杆等。

【步骤4】绘制出建筑遗产的檐椽、飞椽、封檐板、勾头、滴水、瓦陇、屋脊、脊饰、角梁等。

【步骤5】确定各种线径，选用细线画出剖面建筑材料质地纹样，对外轮廓线径进行加粗处理。

【步骤6】标注各部尺寸、详图索引符号、标高、注字、图名、比例、图框、图标等。

4. 大样图

大样图是指对吉林省满族传统建筑遗产中形状特殊或连接较复杂的构件和节点进行特殊性放大标注，较详细地表示出来，是对于局部构件的放样，以清楚表现出在整体图中不便表现的内容。

大样图的多少，主要取决于该建筑遗产结构的复杂程度以及附属檐内外装修的多寡。吉林省满族传统建筑遗产的大样图绘制包括斗拱、门窗、"三雕"艺术等。

以山花绘制为例，大样图制图步骤如下：

【步骤1】 先绘制立面图。

【步骤2】 画出山花的高度与长度及其他有关线段。

【步骤3】 确定各种线径，选用细线画出剖面建筑材料质地纹样，对剖面线径加粗。

【步骤4】 注尺寸、图名、比例、图框、图标等。

三　三维数字信息处理技术

三维数字信息处理技术，即3D技术，是随着计算机软硬件技术的发展而产生的一种新兴技术。由于其精确性、真实性和与诸多技术对接的可操作性，目前被广泛应用于医学、教育、军事、娱乐等诸多领域。

在文化遗产保护方面，三维数字信息处理技术的应用也十分普遍。从敦煌、长城，到故宫、北京中轴线，三维数字信息处理技术对文化遗产进行数字化处理、输出和储存，保证了文物数据资料的真实性，同时很好地进行了展示、推广、传播，让更多人更直观地欣赏到这些文化遗产作品。

在吉林省满族传统建筑遗产数字化保护领域，三维数字信息处理技术主要是为吉林省满族传统建筑遗产的保存、修缮和复原提供数据和模型支持，以保证真实记录和保存建筑遗产的客观信息。依据建筑遗产特征分析和数字测绘技术得到的数据尺寸，再结合三维数字信息处理技术，使利用计算机虚拟的吉林省满族传统建筑遗产尺度数据与真实的建筑遗产的高度吻合，为后期进行展示、传播以及相关研究提供帮助。

　　吉林省满族传统建筑遗产三维数字信息处理中，采用的三维软件有SketchUp 和 3d Max。

　　SketchUp 软件，又称为"草图大师"，是一款操作极其简单、便捷的3D 建模软件。SketchUp 软件具备方便的推拉功能，制作者通过一张图片就能生成 3D 几何体，无须进行复杂的三维建模。同时，SketchUp 软件还具备快速生成剖面和二维剖面图的功能，有助于清楚地展示吉林省满族传统建筑遗产的结构特征。

　　SketchUp 软件可以与 Auto CAD、Revit、3d Max 等软件很好地兼容，通过快速处理 DWG、DXF、JPG、3DS 等格式的文件，实现吉林省满族传统建筑二维图纸和三维模型的制作，同时输出效果图与建筑图纸。

　　3d Max 是基于计算机系统的 3D 建模渲染和制作软件。3d Max 对于 PC端的系统配置要求不高，能够安装多种插件用以提升其功能性，还具备动画制作功能。在吉林省满族传统建筑遗产三维建模的时候，可以利用 3dMax 多边形建模工具，辅助纹理贴图、渲染等技术，最后将三维建模的视频输出，真实地再现和保存吉林省满族传统建筑遗产现状风貌。同时，通过该软件可以方便地调用建筑结构、建筑环境、建筑装饰、建筑材料、建筑尺寸等信息。此外，3d Max 与虚拟仿真系统有良好的接口，可实现建筑遗产漫游动画的制作。

　　利用三维数字信息处理技术，可以实现信息资源的集成和共享，多方位展现吉林省满族传统建筑遗产的原貌，将现有的吉林省满族传统建筑遗产乃至非物质文化遗产以数字化的方式保护下来，同时为损坏的建筑遗产修复和仿古建筑设计提供依据。

　　（一）吉林省满族传统建筑遗产数字化保护中 3d Max 软件应用的一般流程

　　【步骤 1】首先，导入前期绘制的吉林省满族建筑遗产的 CAD 平面图。通过单击 3d Max 软件菜单栏中的"文件"—"输出"命令，弹出文件选择框，选择 Auto CAD 软件的标准制图格式文件 DWG 格式文件后，会弹出"Auto CAD DWG/DXF 输入选项"对话框，然后按确定就可以打开了。

【步骤2】依据导入的平面图的准确尺寸在 3d Max 软件中建立三维模型。

【步骤3】当建筑遗产模型建构完成后，要为各部位赋予相应的材质。

【步骤4】渲染输出与后期合成。

（二）吉林省满族传统建筑遗产数字化保护中 3d Max 软件应用的几点原则

1. 建筑遗产建模的外形轮廓要表现准确

对吉林省满族传统建筑遗产进行三维建模时，要保证建模符合尺寸、比例关系，呈现正确的建筑外观效果。在 3d Max 软件中，有很多用来精确建模的辅助工具，如单位设置、捕捉、对齐等，在进行实际建模的过程中，应灵活运用这些工具，以求达到对吉林省满族传统建筑遗产进行精准建模的目的，为后期使用打好基础。

2. 建模的细节层次要明确

吉林省满族传统建筑遗产作为古建筑，其建筑构件丰富，梁架结构复杂。因此，在对其进行建模的过程中，要在满足表现真实性和准确性的要求的前提下，尽量降低其造型的复杂程度，也就是在软件建模中，减少造型点、线、面的数量。这样，不仅不影响三维模型对实际建筑遗产的还原度，还可以加快渲染的速度，提高工作效率。

3. 采用灵活的方法进行建模

对于吉林省满族传统建筑遗产不同构件、不同结构的立体建模，要采用灵活多样的方式展开，用既准确又快捷的制作方法来完成，要在后期利于修改。

（三）吉林省满族传统建筑遗产数字化保护中 3d Max 软件的材质调制

材质是指吉林省满族传统建筑遗产中某种建筑材料或建筑构件本身所

固有的颜色、纹理、反光度、粗糙度和透明度等属性。需要借助现场拍摄的图片继续调配，呈现建筑遗产各部位真实的材质纹理。

材质调制需要遵循以下几点要求。

1. 纹理表现要正确

要保证吉林省满族传统建筑遗产的三维模型可以真实地呈现，在某些展示阶段，需要制作相应的效果图。因此，在 3d Max 软件中，需要为建筑遗产赋予正确的纹理贴图，来显示出建筑的材质效果和质感，达到真实的效果。

2. 材质表现要适当

在 3d Max 软件中对吉林省满族传统建筑遗产模型进行渲染的时候，不同建筑材料在软件中使用的材质对光线的反射程度是不同的，如砖和窗户纸、木材和玻璃等。这时候需要针对不同的材质选用适当的明暗方式。

同时，真实的材质显示，不能仅靠一种纹理实现，还需要配合其他属性设定，如"不透明""自发光""光泽度"等，应当在对建筑遗产进行建模时灵活运用，保证对建筑材质的真实再现。

3. 注重光线调整

在进行材质渲染时，光线的强弱、光的颜色以及光的投射方式都可以影响到吉林省满族传统建筑模型效果的真实性。一方面，对光线的调整能够更好地体现材质质感；另一方面，建筑遗产模型的形状、层次、空间感也要靠灯光与阴影来建立。

在 3d Max 软件中，提供了各类型光照明效果，可以依据具体的建筑模型表现内容进行选择。一般对吉林省满族传统建筑遗产的建筑体使用室外效果，因此，其照明主要依靠日光。而在进行室内建模的时候，其光源就较前者复杂，因此在调整灯光时需要不断地调整材质的颜色以及灯光参数，使两者相互协调。

由于计算机运算能力的不同，在建模和赋材质的初期，为了便于观察建筑遗产建模效果，节约工作量，可以设置一些临时的相机与灯光，检查无误后，再设置准确的相机和灯光。

同时，渲染输出与后期合成阶段占用的时间比较长，所以一定要根据要表现的建筑遗产的具体情况，确定所需的图像，然后有目的地进行渲染，以提高工作效率。

第三节　吉林省满族传统建筑遗产数字化保护的展示技术

2016 年，国务院发布的《关于进一步加强文物工作的指导意见》（国发〔2016〕17 号）提出要实施"互联网＋中华文明"行动计划。2021 年，国务院办公厅印发《"十四五"文物保护和科技创新规划》，提出要建设国家文物资源大数据库，系统整合全国不可移动文物资源数据库、国有可移动文物普查数据库、革命文物数据库等，加强文物资源大数据应用。将文物资源空间信息纳入国土空间基础信息平台。加强文物数字化保护，以世界文化遗产、全国重点文物保护单位、馆藏一级文物等为重点，推进相关文物信息高清数据采集和展示利用。完善全国考古发掘信息管理系统。建立文物数字化标准规范体系，健全数据管理和开放共享机制，加大文物数据保护力度。支持国家和省级文物数据中心、重点文博单位信息基础设施建设，加强文物领域新型基础设施建设。

习近平总书记指出，"中华优秀传统文化是中华民族的精神命脉，是涵养社会主义核心价值观的重要源泉，也是我们在世界文化激荡中站稳脚跟的坚实根基"。[①] 吉林省满族传统建筑遗产作为中华优秀传统文化的一部分，也需要传承与发展，并要结合新时代的需求和条件来实现创造性转化和创新性利用。将数字化技术运用于建筑遗产的展示与传播，不仅是吉林省满族传统建筑遗产保护利用与价值阐释的切实需求，也是顺应时代发展趋势，将互联网的创新成果与中华优秀传统文化深度融合、推动文化遗产

---

① 中共中央文献研究室编《习近平关于社会主义文化建设论述摘编》，中央文献出版社，2017，第 167 页。

资源开放共享的必然选择。

吉林省满族传统建筑遗产的数字化展示，是指运用数据库技术、虚拟现实技术等，面向研究者和游客提供展示、阐释、数据调用等服务的应用技术。与传统的建筑遗产展示手段和方式相比，利用数字化展示技术能够突破地域、时间的限制，实现沉浸式体验与人机互动，在建筑遗产的展示、建筑遗产的游览和互动方式上取得了巨大突破，能够扩大吉林省满族传统建筑文化的传播和影响力，提升吉林省满族传统建筑的经济、文化、艺术等多元价值。同时，数字化展示中的数据信息具有可转换、可再现、可复原、可共享、可再生等特点，在对吉林省满族传统建筑遗产的信息进行展示与阐释的同时，为深入认识吉林省满族传统建筑遗产和开展科学研究提供了数据支持。

一　数据库技术

"数据库技术"是一种计算机辅助管理数据的方法，其主要目的是组织和存储数据，有效地管理和调取大量的数据资源。1968 年，世界上诞生了第一个商品化的信息管理系统 IMS（Information Management System），之后随着互联网技术的发展，数据库技术的重要性得到了充分的肯定。现今数据库已经成为信息管理、计算机辅助设计的主要软件工具，帮助使用者处理各种各样复杂、庞大的信息数据，同时支持标准网络协议，有良好的可移植性、可连接性、可扩展性和互操作性。

数据库技术的落地需要数据库管理系统，目前比较常用的关系型数据库管理系统（Relational Database Management System，RDBMS）有微软公司的 Microsoft Access 和 MS-SQL Server、Sybase 公司的 Sybase、甲骨文公司的 Oracle 以及 IBM 公司的 DB2。其中，Microsoft Access 是一个中小型数据库管理系统，MS-SQL Server、Sybase 和 Oracle 属于大中型的数据库管理系统，而 DB2 则属于大型的数据库管理系统，对计算机硬件有很高的要求。

吉林省满族传统建筑遗产数据库采用的是 MS-SQL Server，用于吉林省满族传统建筑遗产数据信息的存储、管理和调取，有助于较为全面地保存建筑遗产数据，并为相关研究提供信息。

二　虚拟现实技术

虚拟现实技术（简称 VR 技术），又称虚拟环境、灵境或人工环境，是指利用计算机生成一种可对参与者直接施加视觉、听觉和触觉等感受，并允许其交互地观察和操作的虚拟世界技术。

虚拟现实起源于 1965 年，Ivan Sutherland 在 IFIP 会议上发表题为《终极的显示》（"The Ultimate Display"）的论文。在论文中 Sutherland 提出，人们可以把显示屏当作一个观看虚拟世界的窗口，由此开了研究虚拟现实的先河。1968 年 Ivan Sutherland 成功研制了头盔显示装置和头部及手部跟踪器。但出于技术上的原因，20 世纪 80 年代以前，VR 技术发展缓慢，直到 80 年代后期，信息处理技术的飞速发展促进了 VR 技术的进步。20 世纪 90 年代初，国际上出现了 VR 技术的热潮，VR 技术开始成为独立研究开发的领域。

虚拟现实系统是以沉浸性（Immersion）、交互性（Interaction）和构想性（Imagination）为基本特征的计算机高级人机界面，综合利用了计算机图形学、仿真技术、多媒体技术、人工智能技术、计算机网络技术、并行处理技术和多传感器技术，使人沉浸在计算机生成的虚拟世界中。人们可以通过语言、手势等方式在虚拟现实系统中进行实时互动，在一种适人化的多维信息空间中，突破空间、时间以及其他客观限制，通过虚拟现实系统感受到客观物理世界中所经历的"身临其境"的逼真性。

虚拟仿真系统主要分为沉浸类、非沉浸类、分布式等类，目前被广泛应用于文化遗产的数字化保护和可视化展示。利用虚拟仿真技术能够对建筑遗产进行重现与复原，使人通过虚拟现实来感受古建筑特征、装饰风格和人文特征，实现对古代文物的保护与传承，如山东曲阜的孔子博物院将大成殿制成虚拟模型，用户通过计算机浏览、欣赏大成殿的细节，使文化遗产的保护与开发途径得到了进一步拓展。

利用虚拟现实对吉林省满族传统建筑遗产进行展示，是在计算机中构造出一个与现实一致的、逼真的场景和建筑模型，人可以在建筑群中进行游览，并收到与在真实世界中相同的反馈信息，获得和真实游览吉林省满族传统建筑遗产一样的感受，更加深入地认识和体会古代的建筑。

利用虚拟现实技术进行吉林省满族传统建筑遗产数字化展示（见图2-2）的核心设备是计算机，主要用于生成建筑遗产的虚拟环境的图形与模型，故此又称为"图形工作站"。建筑遗产虚拟图像显示设备是用于产生立体视觉效果的关键外设，目前常见的产品包括光阀眼镜、三维投影仪和头盔显示器等。其中，头盔显示器在屏蔽现实世界的同时，能够提供高分辨率、可模拟大视场角的虚拟场景，并带有立体声耳机，沉浸感强烈。其他外设主要用于实现与虚拟现实的交互功能，包括数据手套、三维鼠标、运动跟踪器、力反馈装置、语音识别与合成系统等。

图 2-2　吉林省满族传统建筑文化虚拟现实漫游实验展示
资料来源：笔者拍摄。

虚拟现实技术是多种技术的综合，吉林省满族传统建筑遗产的虚拟现实技术应用关键内容包括以下几个方面。

（一）虚拟物境建模技术

虚拟物境建模技术，就是对展示、传播的吉林省满族传统建筑遗产虚拟环境和建筑物及其构筑物等进行建设。基于实际测绘和特征分析获得的三维环境和建筑物相关数据，结合一定的艺术加工，建立相应的虚拟环境模型。

（二）交互技术

吉林省满族传统建筑遗产虚拟现实展馆可以通过键盘和鼠标的传统模式与人产生互动，也可以通过数字头盔、数字手套等复杂的传感器设备展开人机交互。

（三）系统集成技术

由于吉林省满族传统建筑遗产虚拟现实展馆中包括大量的感知信息和模型，因此需要采用包括信息同步技术、模型标定技术、数据转换技术、识别和合成技术的系统集成技术。

近年来，随着虚拟现实技术的普及、设备价格的降低、使用便捷性的增强，文化遗产更加贴近大众的生活，将建立的三维虚拟模型经过可视化处理转变为动态模型，并通过互联网的传播，可以使传统建筑遗产更加逼真、完整地呈现在人们面前，进一步释放旅游活力。

同时，虚拟现实技术还可被用于管理保护层面，即利用三维成像技术复原建筑原貌，对被破坏的建筑进行科学的还原处理。

第四节　数字化技术在建筑遗产保护上的优势

一　遗产保护效率高

对吉林省满族传统建筑遗产开展系统化的数字化保护，最大的优势在于，在信息采集、信息处理、展示与传播等工作中充分利用了数字化技术，大大提高了对建筑遗产的保护效率，扩展了吉林省满族传统建筑遗产保护性利用的途径。

在吉林省满族传统建筑遗产的信息采集过程中，利用数字近景摄影测量技术、三维激光扫描技术、电子全站仪设备等对建筑遗址开展全面扫描和自动测绘，与传统测绘手段相比，测绘效率得到了明显提升。

与此同时，测绘阶段采集到的大量图片、文字、视频和测绘数据等，可以通过计算机的高速运算进行整理和分类。利用计算机相关软件进行二维图纸绘制和三维模型建构，也大大降低了工作强度，提升了保护工作的效率。而数据库技术、虚拟现实技术等的应用，也拓展了吉林省满族传统建筑遗产的展示和传播途径。

二 信息获取准确率高

使用传统的人工测绘方式，测绘误差通常要以厘米为单位进行计算，而使用数字化的测绘技术，误差都在毫米级别，这使获得的吉林省满族传统建筑遗产数据更精确，误差极小，可忽略不计。

在以往人工测绘过程中，往往会受到建筑遗产周边复杂环境、建筑高度等因素的影响，导致测绘过程复杂、操作难度大，而利用无人机、三维激光扫描仪等先进设备，则能测绘到人工难以完成的建筑遗产的信息，同时获得更准确的数据。

三 实现无损检测

吉林省满族传统建筑遗产具有极为重要的历史、文化价值，且保护级别较高。这些建筑遗产以木作或者瓦作为主，历经200余年，受外界因素影响，以往对建筑遗产重视不够，早期对其维护和保养力度不足等，使这些建筑遗产十分脆弱。因此，在开展吉林省满族传统建筑遗产数字化保护的过程中，需提升对遗产遗址的重视程度，尽量避免为建筑遗产再次带来损害。

因此，在吉林省满族传统建筑遗产保护中引入数字化技术，通过数字近景摄影测量技术、三维激光扫描技术和无人机、激光扫描仪、电子全站仪等的应用，可以实现对建筑遗产的无损检测，最大限度地减少对建筑遗产带来的二次损伤。

四　保存质量佳，内容更为全面

对于建筑遗产的相关资料信息的保存方式而言，传统的纸质保存方式显然已经难以适应现阶段数字社会发展的需求，且纸质保存方式还存在记录遗失、虫蛀、潮湿、火灾等一系列问题。而对吉林省满族传统建筑遗产采取数字化保存方式，则能有效避免上述问题的发生，保存质量更好，并能够实现跨越空间、时间的保存。

同时，通过利用云数据、测绘的数字化新技术等，收集和汇总吉林省满族传统建筑遗产的原始数据、尺寸数据和其他信息，能够更为全面地记录吉林省满族传统建筑遗产的数据情况。

第三章　吉林省满族传统建筑遗产数字化保护建设

随着城市化进程的加剧，吉林省满族传统建筑面临着快速消失的命运。与此同时，满族传统建筑采用的砖木房屋结构也极易受到环境气候的影响，从而出现房屋坍塌和火灾，严重制约了传统建筑保护。在这种情况下，尽快对现存的满族传统建筑，特别是那些具有重要历史、文化价值的吉林省满族传统建筑遗产原貌开展数字化保护是十分必要的。

通过将数字化技术与传统建筑保护工作相结合，对吉林省满族传统建筑遗产实施数字化保存、重现和修复，并利用虚拟现实、数据库等技术实现对其虚拟展示、复原以及演变模拟等系统的建设，将极大地提高吉林省满族传统建筑遗产保护的效率。

本章将通过开展吉林省满族传统建筑遗产数据库及虚拟旅游的实例建设，并引入生态博物馆理论构想"乌拉街满族生态博物馆"的建设，探讨吉林省满族传统建筑遗产数字化保护建设的具体内容、方法、步骤，并总结保护原则、基本要求和策略，以期为接下来的研究和实践提供典型成果和典型做法借鉴。

第一节　"吉林省满族传统建筑遗产数据检索系统 V1.0"建设

"吉林省满族建筑遗产数据检索系统 V1.0"是提供吉林省满族传统建筑特征元素数据信息储存、检索、管理和输出的系统，可解决当下缺乏针对吉林省满族传统建筑的数据库的问题。

一　"吉林省满族传统建筑遗产数据检索系统 V1.0"建设步骤

"吉林省满族传统建筑遗产数据检索系统 V1.0"的建设步骤如下。

第一，利用三维激光扫描等技术获得吉林省满族传统建筑遗产的表面点云，并采用三维点云、影像数据融合技术分析表面点云的数据，构建吉林省满族传统建筑遗产的建筑模型。

第二，根据吉林省满族传统建筑的结构与构造特点，分析并提取构成吉林省满族传统建筑的建筑构件，以及建筑构件的一般特征和典型特征，结合获得的吉林省满族传统建筑遗产的表面点云数据，并采用三维点云、影像数据融合技术、三维建模方法，构建吉林省满族传统建筑中各个建筑构件的模型。

第三，根据吉林省满族传统建筑中建筑构件与装配尺寸之间的约束关系，结合获得的吉林省满族传统建筑遗产的表面点云数据，构建表征吉林省满族传统建筑中建筑构件与装配尺寸之间关系的规则。

第四，采用 PHP 语言编写 MySQL 的关系数据库系统。

二　"吉林省满族传统建筑遗产数据检索系统 V1.0"建设内容

"吉林省满族传统建筑遗产数据检索系统 V1.0"分为系统存储模块、管理员模块、页面显示模块、普通用户模块。

其中，系统存储模块包括模型库、数据库、规则库。构建的吉林省满族传统建筑遗产建筑模型、各建筑构件模型分别存储在模型库中，吉林省满族传统建筑遗产及其建筑构件的表面点云数据分别存储在数据库中，表征吉林省满族传统建筑中建筑构件与装配尺寸之间关系的规则存储在规则库中。存储模块的数据库中，还存储有吉林省满族传统建筑遗产及其建筑构件的图像数据、文字描述数据。系统存储模块生成包含模型库、数据库、规则库信息的库表，通过页面显示模块显示。

管理员模块针对系统存储模块提供数据查询服务和编辑服务，通过数据查询服务调用系统存储模块中存储的模型、数据和规则，还可以通过编辑服务对系统存储模块中存储的模型、数据和规则进行编辑。

数据库系统还构建了普通用户模块，普通用户模块仅提供数据查询服务，普通用户模块通过数据查询服务调用系统存储模块中存储的模型、数据和规则，页面显示模块提供外界与管理员模块、普通用户模块交互的交互界面，并显示管理员模块和用户模块调用的模型、数据及规则结果。

在整个存储过程中，为了实现查询、添加和删除功能，编写了一系列 SQL 语句集，经编译后存储在数据库中，通过指定存储过程的名字并给出参数（如果该存储过程带有参数）来执行它。整个储存过程分为两类：系统提供的存储过程和用户自定义存储过程。系统过程主要存储在 master 数据库中并以"sp-"为前缀，并且系统存储过程主要是从系统表中获取信息，从而为管理员 SQL Server 提供支持。通过系统存储过程，MS SQL Server 中的许多管理性和信息性的活动，如满族传统建筑典型特征及一般特征的数据信息查询与编辑等都可以被顺利有效地完成。尽管这些系统存储过程被放在 master 数据库中，但是仍可以在其他数据库中对其进行调用，在调用时不必在存储过程名前加上数据库名。

"吉林省满族建筑遗产数据检索系统 V1.0"采用了 PHP 语言。因为 MySQL 在 PHP 的 Web 开发中应用最广泛。PHP My Admin 是由 PHP 支撑的 MySQL 资料库系统管理程序，让管理者可以用 Web 界面管理 MySQL 资料库。

三 "吉林省满族传统建筑遗产数据检索系统 V1.0"建筑特征提取规则

吉林省满族传统建筑构件一般包括斗拱、梁类构件、柱类构件、枋类构件、桁檩类构件等。

吉林省满族传统建筑的建筑构件的典型特征包括雕刻、彩画、瓦、"跨海烟囱"（"呼兰"）、影壁、脊、窗、门、外墙、"祖宗板"、"索伦杆"。

建筑构件的典型特征中，雕刻分为木雕、石雕和砖雕。

中国传统建筑构造均采用木构架结构。它的基本形式是用木柱立于地面，在柱子上架设木梁和木枋，木梁和木枋上面架设用木料做成的屋顶构架，构架上铺设瓦顶屋面。

满族随着与周边民族交流的加深，特别是与汉民族文化的碰撞与互动，逐渐形成了抬梁式的木构架建筑形态。

（一）木构架建筑一般特征元素的提取

1. 梁：木构架中的重要构件

梁是传统建筑水平方向的长条形承重构件，抬梁式的梁架结构是一种以梁柱为承重构件的体系，其受力系统通过屋顶传到屋面板、檩、枋、瓜柱、大梁再到柱子，进而由柱子传到地面直至基础。

2. 柱和柱础

木构架的基本形式是用木柱立于地面，在柱子上架设木梁和木枋，木梁和木枋上面架设用木料做成的屋顶构架，构架上铺设瓦顶屋面。所以柱和柱础也是木作建筑中的基本构件。

通过层层分析，从传统木作建筑中找出基础构件，是传统建筑特征提取中不可或缺的一环。

（二）吉林省满族传统建筑典型特征元素的提取

满族传统建筑区别于其他木构架建筑的特点主要有以下两方面。

1. 主体构件

满族传统建筑在"檩"与"枋"之间减少了"垫板"，使用"双檩"形式。而其中所谓"枋"亦非方木，而是与"檩"一样的圆木，在地方做法中，也被称为"杄"。

满族传统建筑屋面采用"仰瓦"的形式，以干搓瓦的营造技艺仰面铺设。瓦的尺寸为170毫米×165毫米，做法是在左右各留有二三道正瓦。

满族传统建筑除檐柱外，其他柱子均包裹在厚度墙壁内。

墙体材料主要是青砖、土坯、石块等。满族传统建筑以"丝缝"或"干摆"的方式砌筑青砖墙体，"外砖里坯"的做法比较常见，部分建筑的山墙还会搭配虎皮石墙。乡村住房的外墙采用土坯墙的形式。

满族烟囱称为"呼兰"，直接伫立在地面上，与房屋之间留有一段距离，由烟道相连，因此也被称为"跨海烟囱"。

"跨海烟囱"呈现"下大上小"的锥形，有原木、土坯和砖砌几种类型，烟囱截面也从单一的圆形发展出方形。

也有部分建筑的烟囱与房屋紧连或设在山墙上部。

满族传统建筑窗户采用支摘窗的形式，有分为两段的，也有分为三段的。两端的支摘窗其上部窗扇可以支开，下部窗扇平时固定，有需要时可整扇摘除。三段支摘窗一般上、下窗扇固定，中间窗扇可以向外支起。

窗户式样较为简单、古朴，多为直棂、回纹或者盘长纹。

"索伦杆"为满族祭天典仪所用之物，布置在正房屋门对面，由石制杆座、木杆和其上架设的方斗组成，高约数丈。其做法是将石座上部平面中心凿出圆洞，其中安插松木、杉木制成的木杆，于近顶处套置方形锡斗或木斗。

2. 装饰艺术

满族传统建筑的装饰有砖雕、木雕、石刻和彩画。

其中，砖雕主要分布在屋脊、墀头（盘头和垫花）、山花、搏风和廊心门等处；石刻主要分布在大门抱鼓石、影壁、墀头的下碱和柱础部分；木雕主要集中在雀替、门扇、窗扇处；彩画主要集中在檐廊、天花和高照板处。

满族传统建筑"三雕"和彩画艺术题材有花草树木、祥瑞动物、宗教人物、文字图形、山水建筑、抽象纹饰和博古器物七种类型。故从这些结构特点中提取了满族传统建筑典型特征元素，包含雕刻、彩画、瓦、"跨海烟囱"（"呼兰"）、影壁、脊、窗、门、外墙、"祖宗板"、"索伦杆"等具有满族建筑特征的构件。

本系统采用 MySQL 作为后台数据库。因为在 Web 应用方面，MySQL 是最理想的关系数据库系统之一。

"吉林省满族传统数据检索系统 V1.0"（见图 3 - 1）是吉林省满族传统建筑遗产数据库系统，根据满族传统建筑的结构及形式特点，对吉林省满族传统建筑遗产进行数字化保护。该系统使用互联网平台连接数据库，可以从多方位展现吉林省满族传统建筑遗产的价值和作用，勾绘吉林省满族传统建筑遗产的空间格局，并进行资源的空间分析，对重新认识吉林省满族传统建筑遗产的开发利用和游览价值、提高吉林省满族传统建筑资源的美学价值和历史文化价值有着十分重要的意义，也为吉林省满族传统建筑遗产的保护和研究提供了便利条件。

图 3 - 1 "吉林省满族传统数据检索系统 V1.0"界面

四 "吉林省满族传统数据检索系统 V1.0"标准制图和建模功能

"吉林省满族传统数据检索系统 V1.0"对数据库中吉林省满族传统建筑遗产的构件进行参数化设定，每个模块的设计遵循满族传统建筑的权衡规则，支持多种变化形式。通过间数、檩数、梁架形式、柱形式、廊及结构形式等控制模型的基本框架结构；通过构建参数表控制各主要构件，如柱、梁、板、枋等的实际尺寸；根据建筑的制式和瓦件型号生成经过一定简化的瓦件，如筒瓦、板瓦、滴水、合瓦、正脊、垂脊、围脊、角脊和各种吻兽。

在系统中，模型划分为台基、柱、围护、梁架、屋顶五个主要部分，每个部分设为一个图层。

　　每个单体建筑中，木作类构件的尺寸依据建筑的权衡规则而定，瓦作类构件规格从瓦件表选择，宜使飞椽截面和瓦界面相对比例协调。

　　在此基础上利用计算机软件进行三维图像数据输出，进行三维立体建模，最后整理建筑模数资料，形成以满族建筑的标准化建筑模数为准则的模型库，并在此基础上利用计算机软件进行开发，最终生成满族传统建筑的标准化的建模软件。用户可直接查询建筑构件的参数、材质、使用方法及建筑结构用途。同时，用户可以根据使用需求，在计算机软件内选取标准化的建筑构件参数，利用软件进行满族建筑的搭建和复原，使其成为各界研究满族传统建筑的重要参考。

第二节　"吉林省满族传统建筑遗产虚拟漫游"仿真实验建设

一　"虚拟旅游"

　　"虚拟旅游"是以真实的旅游景区为原型，利用虚拟现实技术，借助互联网平台，通过模拟或超现实景，构建一个虚拟的三维立体旅游空间，用户可实现足不出户、随时随地体验身临其境般的交互式游览。

　　虚拟旅游建设能够更好地展现当地的旅游市场和提升城市整体形象，正逐渐为业界所重视和使用，富有代表性的是上海网上世博会。上海网上世博会设置了"园区览胜"、世博游戏、世博记事、展馆直通车等板块，参展者可以通过参展板块随意切换场景，在馆内任意漫游，从而获得真实、生动的参观体验。上海网上世博会将现实世博的内容进行拓展、补充和延伸，游览者可以利用现代化的数字技术实现对世博展馆的虚拟体验，并与其他参观者随时进行互动交流。①

――――――――――

　　①　陈佳佳：《"虚拟旅游"构成及其表现形式研究》，《现代营销》（下旬刊）2020 年第 1 期。

"吉林省满族传统建筑遗产虚拟漫游"仿真实验是对吉林省具有代表性的满族传统建筑遗产展开虚拟旅游的相关设计。该实验项目采用三维体验形式，在网络上、PC终端和移动终端展示，目的在于对吉林省地域性旅游资源进行宣传，释放地方旅游潜能，提供吉林省文化旅游新途径。

二　"吉林省满族传统建筑遗产虚拟漫游"仿真实验建设步骤与内容

（一）获取吉林省满族传统建筑遗产的相关数据

利用虚拟现实技术开展吉林省满族传统建筑遗产的虚拟旅游建设，是将建筑遗产进行数字化处理后，进行虚拟场景和虚拟建筑构建，使用者可以通过终端和相关设备对吉林省满族传统建筑遗产进行互动游览。本项虚拟仿真实验以吉林市的乌拉街"魁府"建筑为对象展开建设。

开展"吉林省满族传统建筑遗产虚拟漫游"仿真实验设计，首先需要获取吉林省满族传统建筑遗产的相关数据，这些数据是在实地勘查的前提下，通过外业的手工测量结合数字化测绘获得的（见图3-2）。同时，还要对建筑的人文环境、发展概况、历史背景、艺术特征等进行分析，以保证建筑遗产建模的真实性。

图3-2　乌拉街"魁府"测绘现场

（二）乌拉街"魁府"虚拟模型搭建

在获取乌拉街"魁府"建筑测绘数据的基础上，运用 Auto CAD 二维制图软件编辑和处理数据信息，主要是"魁府"建筑本体、建筑院落和建筑各部的尺寸信息。然后利用 3d Max 三维建模软件进行立体物象的建模（见图 3 – 3）。

首先，结合 CAD 文件与拍摄的图片，利用 3d Max 模型制作软件与曲面、多边形等建模方法，进行"魁府"建筑遗产的白模制作。

建筑周围环境中的山水等不规则物体，可用分形集合技术建模。

建设完白模后，在 3d Max 软件中对模型进行展 UV，并将 UV 贴图导出，继而在 Photoshop 软件中进行材质贴图制作。

将制作好的模型和材质贴图导入 u3d 或 ue4 引擎软件中，并添加地形、灯光、材质等，再进行交互蓝图制作，最终完成虚拟交互与漫游制作。

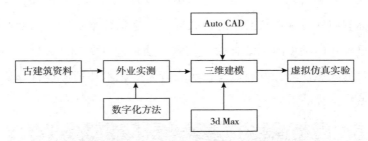

图 3 – 3　"吉林省满族传统建筑遗产虚拟漫游"仿真实验建设流程

（三）虚拟展示

将建筑信息转换为虚拟仿真实验对乌拉街"魁府"进行展示，让用户使用相关的设备对虚拟环境中显示出来的建筑遗产进行观察、体验，使其有身临其境之感，以实现旅游文化遗产的数字化保存和展示传播。

通过"吉林省满族传统建筑遗产虚拟漫游"仿真实验建设，可以对乌拉街"魁府"进行多维度的观察与记录，有利于多角度、全方位了解建筑遗产使用的建筑材料、工艺及整体环境，实现实体建筑遗产信息的虚拟化、共享化、智能化、多样化和网络化，更利于对采集的建筑遗产信息进行备份、保存，并最终服务于满族传统建筑等相关研究。

三　"吉林省满族传统建筑遗产虚拟漫游"仿真实验建设注意要点

（一）主题鲜明

在"吉林省满族传统建筑遗产虚拟漫游"仿真实验建设中，主题设计应该体现出鲜明的"在地"满族文化主题，使 UI 设计富有吸引力和文化感。因此，在展示界面的 UI 设计时，要使用从满族传统文化图案中抽象提取出来的图标等。

（二）操作简便

虚拟仿真实验的界面操作应该简单、方便，减少用户发生选择错误的可能性。

（三）易懂有趣

虚拟仿真实验在视觉效果上要便于理解和使用，所传达的信息应该让不同年龄、不同经历和不同文化背景的使用者都容易理解。在设计时，应该多使用可读性强的图标，在文字表述上应该简单明了、易于阅读。

在导航栏中，要将信息内容进行分类，通过对建筑遗产空间、人物、历史事件等多种信息的整合，明确用户选择内容，避免由于过于分散而出现的重复乏味。

同时，在设计中，要秉持"寓教于乐"的虚拟仿真体验思路，通过虚拟漫游、模拟动画、游戏交互等手段，改变枯燥、单调的数据信息单向传播模式，增强观赏性和趣味性，达到学术教育与娱乐休闲并举的目的，更好地传播和推广吉林省满族传统建筑遗产文化。

（四）数据量适宜

由于最终成果需要在 PC 端和移动终端实现漫游，所以运行的数据量不能过大。但如果模型过于简单，就不能较好地展示"魁府"的建筑特点。因此，需要对建模的内容进行分类控制。实验中，将"魁府"的建筑构件分为三个等级，对屋脊、西方式建筑元素等典型构件进行了建模；对墙体、瓦片、窗格等体积小、单体重复性大、排列较为规律的构件，以及彩画、雕刻等进行了贴图处理；对于凸出墙面小于 300 毫米的构件都进行一定程度的简化，使运行的数据量适宜。实验白模见图 3-4。

图 3-4   "吉林省满族传统建筑遗产虚拟漫游"仿真实验白模

第三节   "乌拉街满族生态博物馆"建设

一   "生态博物馆"的概念

"生态博物馆"理念诞生于 20 世纪 70 年代，由法国学者乔治·亨利·里维埃和于格·戴瓦兰所倡导。它突破了传统博物馆"建筑 + 藏品 + 展览 + 服务"的模式，主张将民族文化产生和发展的"历史文化空间"——"社区"作为博物馆空间，以其中整体的且相互关联的自然和人文遗产为对象，将包括当地人及其生产、生活的各种要素进行综合的动态保护、展示和可持续利用，同时不断发展，建设没有围墙的"活体博物馆"。它强调保护、保存、展示自然和文化遗产的真实性、完整性和原生性，以及人与遗产的活态关系，通过"在地"的方式将有形和无形的文化遗产进行整体性的保护，协调自然景观与文化景观、外来人员与社区内居民以及文化保护与经济发展之间的关系，是地区文化生态保护、开发与利用的一种新模式。

二　"生态博物馆"的研究现状

自 1971 年国际博物馆协会第九次大会提出"生态博物馆"概念以来，全世界已建成超过 400 座生态博物馆，在保存文化遗产、保留集体记忆、促进社区认同以及推动民族文化旅游开发与可持续发展方面发挥着重要作用。

我国自 1986 年开始引入生态博物馆的理念，但在当时并没有引起学界的注意。直到 1995 年，由苏东海牵头的"生态博物馆课题组"提交了《在贵州梭戛乡建立中国第一座生态博物馆的可行性研究报告》，直接促成了 1997 年与挪威政府合作发展生态博物馆的项目，随后我国第一个生态博物馆——贵州六枝梭戛生态博物馆建立起来。至此，围绕生态博物馆的研究呈现井喷之势。

我国对生态博物馆的研究主要集中在以下几个方面。

（一）　生态博物馆的价值研究

生态博物馆建设的初衷源于保护民族文化，特别是在工业化和城市化进程中日益凋敝的地区少数民族文化的需要，因此对其在民族文化保护方面的价值探讨十分丰富。杨俪俪提出生态博物馆是弱势文化生存和发展的希望。① 李于昆认为将文化艺术遗产保护应用于基层社区是一种可行的选

① 杨俪俪：《生态博物馆——经济与文化的思考》，《中国博物馆》2001 年第 3 期。

择和有效的途径。① 余压芳则将生态博物馆理论引入西南传统聚落景观保护领域，探索了生态博物馆理论在促进我国西南传统聚落保护和可持续发展方面的前景和途径。② 而随着我国非物质文化遗产事业的不断发展，以方李莉为代表的学者开始逐步关注生态博物馆在非物质文化遗产保护方面的作用与价值。

在遗产保护的总基调上，生态博物馆在文化旅游开发和可持续发展方面的价值也引发了学术界广泛的重视和讨论。余青、吴必虎较早提出将生态博物馆作为一种民族文化持续旅游发展模式。他们认为，生态博物馆对于自然生态与人文生态的整体保护，是一种特别有效的形式，"特别有利于科研价值和旅游价值的开发，为民族文化旅游开发与保护提供了一个符合可持续发展原则的持续旅游发展模式"。③ 茹静认为生态博物馆是具有人文和自然整体性、异质文化性、开放性和参与性的旅游产品，肩负着保护社区文化遗产和提高社区居民生活水平的双重责任。④ 张瑞梅认为生态博物馆与民族旅游的整合效应，对丰富民族旅游资源、促进民族文化保护与传承、增强社区参与性、带动地方经济发展、改善居民生活条件和经济状况、增强游客环保意识、促进社会和谐发展等有着积极的意义。⑤

另外，还有部分学者对生态博物馆的审美价值进行了研究。韦祖庆将广西贺州莲塘生态博物馆作为研究对象，探讨了表征族群生活化历史的审美取向和追求族群精神自足的审美倾向。⑥ 王翔宇则从生态美学的视角分

---

① 李于昆：《生态博物馆：民族民间文化艺术遗产的保护与传承》，《民族艺术》2005 年第 1 期。
② 余压芳：《景观视野下的西南传统聚落保护——生态博物馆的探索》，同济大学出版社，2012。
③ 余青、吴必虎：《生态博物馆：一种民族文化持续旅游发展模式》，《人文地理》2001 年第 6 期。
④ 茹静：《实现双重责任的途径——浅析生态博物馆与发展旅游》，《中国博物馆》2001 年第 3 期。
⑤ 张瑞梅：《生态博物馆建设与民族旅游的整合效应》，《广西民族大学学报》（哲学社会科学版）2011 年第 1 期。
⑥ 韦祖庆：《生态博物馆的美学取向——民族田野调查与非物质文化遗产保护》，《中国博物馆》2007 年第 1 期。

析了广西三江侗族生态博物馆。①

（二）生态博物馆的模式研究

2000 年，挪威国家文物局副局长达格·梅克勒伯斯顿起草了"六枝模式"，为我国生态博物馆建设提供了范式。在"六枝模式"的框架内，苏东海介绍了生态博物馆在中国实践的经验——思想本土化、原住居民主人化、文化多样性。肖星和陈玲提出了基于生态博物馆的民族文化景观的旅游开发模式和原则，即"保护第一、科学规划、入乡随俗、重质不重量、使用付费与回报社区"。② 刘世风、甘代军提出了"经济是基础，合作是方向，经营模式市场化，发展策略产业化和文化保育教育化"。③ 陈雨蕉则提出了工业遗产开发的四种模式：主题博物馆、公共游憩空间、与购物旅游相关的综合开发模式、组合开发模式。④

（三）对生态博物馆的反思

生态博物馆由理论向实践的落地过程中，也产生了诸多问题，如社区民众的主体地位尚未完全确立、博物馆建设中的文化保护功能还没有充分体现、经济因素考量与人文关怀在建设中还存在一些不和谐的表现等，引起了一部分学者的反思。早在 2006 年，张涛就发表了《反思中国第一座生态博物馆的发展瓶颈》一文，指出贵州六枝梭戛生态博物馆在不同渠道的资金的注入和不同层面的发展的诉求下面对的问题。⑤ 2011 年，苏东海在接受倪威亮的访谈时，谈到了生态博物馆在管理上出现的问题。⑥ 刘宗

① 王翔宇：《生态美学视域下广西三江侗族生态博物馆的深度发展》，《凯里学院学报》2009年第 5 期。

② 肖星、陈玲：《基于生态博物馆的民族文化景观旅游开发研究》，《广州大学学报》（社会科学版）2008 年第 2 期。

③ 刘世风、甘代军：《生态博物馆运动的社会思想根源探析》，《东南文化》2011 年第 5 期。

④ 陈雨蕉：《我国工业遗产保护再利用案例比较浅析》，《中国文物科学研究》2010 年第 3 期。

⑤ 张涛：《反思中国第一座生态博物馆的发展瓶颈》，《中国文物报》2006 年 2 月 28 日。

⑥ 〔美〕倪威亮：《中国生态博物馆的反思与瞻望——苏东海先生访谈》，《中国博物馆》2011 年合刊。

碧对生态博物馆与传统村落保护的关系进行反思，认为在现代化背景下，特定保护对象却往往被文化产业化开发，变成了特定文化产品的生产。这个过程中，村落从过去的生产自足过渡到非自足，形成了新的生产特征。①

（四）生态博物馆的设计研究

在经历了价值研究、模式探索和实践反思后，学界对生态博物馆的研究进入设计应用阶段。尹怡诚等从装饰设计的角度提出了民族图形在广西生态博物馆建设中的运用。② 赵迪心在生态博物馆模式下探讨一种设计叙事方法，来建设和恢复民族文化符号以及体现完整的生活"地貌"的文化体系。③ 朱烨则以生态博物馆理论、博物馆视觉识别系统为理论基础，以白裤瑶生态博物馆为主，结合其他少数民族地区生态博物馆视觉识别设计的现状，分析适合白裤瑶生态博物馆视觉识别设计的方法。④ 朱梦玲等基于"活态博物馆"理念探讨曼龙勒傣族村寨景观设计方法。⑤

总体看来，我国生态博物馆研究已经取得了丰硕的成果，特别是价值判断、模式探讨和实践反思的相关研究，为我们接下来进行设计研究提供了丰富的理论依据。

但在生态博物馆设计方法方面，相关研究还比较缺乏，主要表现在以下方面：第一，有限的研究主要集中在景观设计、视觉识别系统设计和建筑细部设计等方面，缺乏对博物馆空间的整体规划，特别是在展示空间与生活空间的组织关系方面没有深入探讨；第二，对于满族文化而言，现今学界还没有生态博物馆规划和设计的实践及相关研究。

吉林省作为满族的主要发祥地之一，满族历史文化资源丰富，满族人口

①　刘宗碧：《生态博物馆的传统村落保护问题反思》，《东南文化》2017 年第 6 期。

②　尹怡诚、罗学农、邓世维主编《传承与创新——十八洞村乡村规划与设计纪实》，湖南大学出版社，2021。

③　赵迪心：《生态博物馆模式的语言选择及设计问题研究》，硕士学位论文，中央美术学院，2016。

④　朱烨：《浅析广西南丹白裤瑶生态博物馆视觉识别系统现状》，《艺术品鉴》2017 年第 3 期。

⑤　朱梦玲、俞映千、丁山：《"活态博物馆"理念下的曼龙勒村寨景观设计》，《明日风尚》2016 年第 14 期 。

众多。如何保护地区文化的多样性，如何向社区内的人提供归属感，如何平衡文化遗产保护和旅游开发之间的关系，是目前吉林省满族文化遗产保护和可持续利用的重要课题。乌拉街地区历史上是吉林省满族重镇，素有"先有乌拉，后有吉林"之论断，历史文化地位极高。同时，乌拉街地区保有国内少有的满族物质文化遗产资源，包括大量保存完好的清代满族传统建筑聚落和丰富的非物质文化遗产，为建设生态博物馆提供了良好的自然与人文生态环境。

据此，以乌拉街社区为基底，在其原有的地理、社会和文化条件中规划设计保存和介绍满族群体生存状态的博物馆——"乌拉街满族生态博物馆"，可以加强对满族文化遗产的保护，并为文化遗产旅游开发和可持续发展提供新的模式，起到进一步开发地方旅游资源、助力地区经济发展的作用，同时也为相关设计和研究提供借鉴。

三　"乌拉街满族生态博物馆"的建设意义

生态博物馆诞生于 20 世纪 70 年代的法国，主张对文化资源进行"在地"的全面保护，平衡旅游开发和文化保存之间的关系，为吉林省地区文化资源的保护、开发与利用提供了一种新模式。

吉林省吉林市龙潭区乌拉街镇保有国内罕见的、较为完整的满族物质和非物质文化遗产资源，在生态博物馆理论的指导下，以乌拉街社区为基底，在其原有的地理、社会和文化条件中规划设计保存和介绍满族群体生存状态的博物馆——"乌拉街满族生态博物馆"，将吉林省满族建筑遗产和满族非物质文化遗产相结合，在展示环节加入数字化技术，能够更为全面、深入地实现对建筑遗产的数字化保护，是满族传统建筑遗产保护的一种新方向，并为旅游开发和可持续发展提供新的路径。

（一）理论意义

目前，国内外已经建立起 400 余座生态博物馆，但对于满族文化而言，现今学界还没有生态博物馆规划和设计的实践及相关研究。将生态博物馆的概念引入满族文化遗产保护中来，可以为吉林省满族文化遗产保护提供新的模式，同时为其他地区文化多样性的保护提供一定借鉴。

（二）应用意义

"乌拉街满族生态博物馆"的规划与设计，一方面能够使满族文化遗产得到整体的保护；另一方面也为其旅游发展提供了可持续开发的模式，带动地区经济发展。同时，"在地"的保护最大限度地保存了地区的文脉，有助于促进社区文化认同的构建。

另外，"乌拉街满族生态博物馆"在保护的基础上提供了博物馆的展示平台，能够有效平衡旅游开发和文化保存之间的关系，为吉林省地区文化资源的旅游开发与利用提供了一种新模式。

四　"以山之名——乌拉街满族生态博物馆"建设构想

可通过对乌拉街镇的整体进行考察和实地测量，结合生态博物馆理论和环境设计理论，选取乌拉街地区清代建筑聚落——"十字街"为项目中心，利用路网的规划和周边古建筑的修复与再设计，联结乌拉街"三府"建筑，在该区域内打造"乌拉街满族生态博物馆"（见图3-5）。通过深

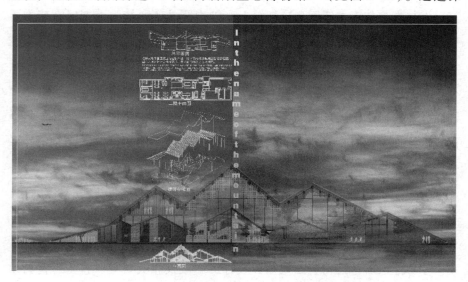

图3-5　"以山之名——乌拉街满族生态博物馆"设计效果

入探究满族生态博物馆的规划原则与设计方法，形成立足于地区、立足于满民族的规划和设计理论与方法，在吉林省加快建设文化强省、繁荣发展文化事业、加强文化遗产保护、推动文化创意和设计服务与旅游等相关产业融合的大背景下，为满族特色文化旅游产业发展提供重要的参考，也为遗产保护和再利用领域的相关研究与转型实践提供借鉴。

（一）"乌拉街满族生态博物馆"设计思路——"本土设计"

我国幅员辽阔、民族众多，不同区域、不同民族都产生和发展了自己独特的建筑体系，如福建的土楼、陕西的窑洞以及徽州地区的徽派建筑等。这些地区建筑是地区自然、历史、习俗和宗教等因素共同作用的结果，呈现出显著的地域文化特征，为我们进行本土设计创作提供了不竭的艺术源泉。

乌拉街镇保有较为完整的、特色鲜明的满族传统建筑遗产，在对其开展生态博物馆设计中，采用"本土设计"的理念与方法，可以为吉林地区本土设计依托满族传统建筑艺术进行创作提供新思路，对保有地方历史文化记忆、重塑地区精神、传承民族文化具有重要作用。同时，结合地区建筑文化进行本土设计，也能在千城一面、千篇一律的城市化建设中创作出植根于文化基因、独具地方特色的设计作品，助力地区的经济转型和发展。

1. "本土设计"概念

随着全球化进程的加快，世界进入了一个文化剧烈激荡与碰撞的时代。在建筑领域，现代建筑一马当先，回应了时代对建筑的召唤，并迅速席卷全球。各种类型的现代建筑在全球范围内拔地而起，到处是玻璃与钢筋水泥建造的城市森林。地区建筑的独特性正日益消失，与之相辅相成的地区文化处境也极为艰难。至此，人们开始反思建筑发展的未来。在传统文化的基础上，重构社区精神，找回人类的精神家园，让建筑发挥更多人文的作用成为当今建筑设计实践中相当迫切的主张。

"批判的地域主义"正是在这种背景下兴起的一股设计思潮，它思考的是在无法避免的全球化浪潮中如何保持地区的独立性，因此目光投向地区文化内核。"批判的地域主义"与我们所说的"本土设计"的"内涵是一致的，甚至说界限"划得更明确。① 它强调植根于地方文脉，从中吸取设计灵感，主张创作符合地域特征的设计作品，保留地区特色，让地区内的人们获得认同感，是着重体现自身独特性的设计原则。②

2. "本土设计"思路

通过分析秉持"本土设计"理念的设计师作品，可见其设计的基本思路是从地方建筑汲取养分、在地区文化场内进行设计、在解构与重构中进行创新。

（1）从地区传统建筑中汲取养分

本土设计主要从地区传统建筑艺术中找寻灵感、借鉴经验。如崔愷的拉萨火车站设计灵感来自藏区的碉房建筑，而贝聿铭的苏州博物馆设计借鉴了苏州传统建筑的形式。这是由于不同地区的人民应对复杂的自然地理环境和人文社会环境，不断发展并最终形成了具有科学、艺术、文化等内涵的地区传统建筑，特别是民居建筑，集中体现了该地区人民精神与物质财富的总和。植根于这个特殊的文化载体，从营造技术、建筑形式、地方材料和构件、生态理念等方面汲取灵感，领会我们的祖先面对自然和社会挑战时所采取的应对之策，能够精准地牢牢抓住地方文化的内核，通过对地区传统建筑艺术整体而深入的审视和再创作传承文化。

（2）在地区文化场内进行设计

本土设计的地址选择需要在特定文化场内进行，这是因为"社会中的个人或集体只有置于社会的结构中才能得以理解"。③ 地区特殊的文化场是由地区文化和产生这种文化的社会环境相互作用而形成的，历史规训和构建了文化场的具体语境，塑造了特殊的能指与所指。脱离这个文化语境，则

---

① 〔荷〕亚历山大·楚尼斯、利亚纳·勒费夫尔：《批判性地域主义：全球化世界中的建筑及其特性》，王丙辰译，中国建筑工业出版社，2007，第2~3页。
② 崔愷：《关于本土》，《世界建筑》2013年第10期。
③ 陶水平：《文学艺术场域学术话语的自主、开放、表征与竞争——布尔迪厄的文化场和艺术再生理论探微》，《中国文学研究》2017年第2期。

设计的叙事将不被理解或被误读。同时，当设计实践植根于这个文化场内，则能够在它的环境中最大程度上给人以"家"的感觉，为唤醒人民的精神家园，重构地区精神发挥作用，这是本土设计的人本属性，也是当代建筑的应有之义。

（3）在解构与重构中进行创新

在面对历史与未来的时候，设计往往瞻前顾后。过分追求传统，则与时代的需求格格不入；过分追求未来，则隔断了历史的血脉。本土设计在此为我们提供了一个很好的途径，即通过对地方传统建筑的解构与重构的叙事来完成对传统的继承与发展。

崔愷院士的代表作之一——苏州火车站，选择了富有苏州地方特色的屋顶——菱形空间网架体系，并结合当地人熟悉的灰色和白色的地方色彩进行设计。通过对苏州传统建筑典型符号的提取，重新建构其内容和表意，使其不再作为一个简单的民居出场，而成为一个深化、延伸和发展了的新的建筑体。而王澍在进行中国美院象山校区的设计时，收集了象山地区的瓦片，进行了墙面的装饰，用原有的作用于屋顶的构件构成墙面的围合，使其具有装饰功能，为我们进行本土设计提供了新的创作手法。

这些设计思路，为我们设计"乌拉街满族生态博物馆"提供了方法论指导。

（二）"乌拉街满族生态博物馆"设计方法

1. 整体规划

吉林市龙潭区乌拉街镇位于吉林市北部30千米，全镇西临松花江，面积188平方千米。

乌拉街镇"十字街"地区保有国内少有的、极具代表性的满族物质文化遗产资源，包括大量保存较为完好的清代满族传统建筑聚落和丰富的非物质文化遗产。因此，可选取乌拉街地区清代建筑聚落——"十字街"为项目中心，利用路网的规划，联结乌拉街"三府"建筑，在沿江区域内打造"乌拉街满族生态博物馆"（见图3-6）。

"乌拉街满族生态博物馆"的路网规划，以乌拉街商业街为中心轴，分两条主路线游览，每个交通节点都有导视牌有效指引（见图3－7至图3－8），便于参观者有目的性、有方向性地游览"乌拉街满族生态博物馆"，获得深刻的文化体验。

2. 功能划分

"乌拉街满族生态博物馆"的功能区域，主要划分为古建筑保留区、居住建筑区、商业建筑区以及新规划群落四部分，以位于中心区域的商业建筑区为轴向四周辐射，形成一个完整的"乌拉街满族生态博物馆"功能空间（见图3－9）。

3. 景观设计

"乌拉街满族生态博物馆"中的景观小品设计（见图3－10），主要来源于对满族传统文化元素的提取、解构和重构。

"万字炕"是满族建筑室内不可缺少的组成部分。将"万字炕"的造型提取到景观小品的休息座椅上，可以使游客和社区居民随时随地感受满族文化。

中国满族传统建筑最具特色的是仰瓦的屋面形态、"索伦杆"等，将其提取后，可创意性地运用到驳岸、墙体、路灯的设计中。

满族剪纸是源自满族民间特定的文化背景和生活环境，在艺术上具有自己特定语言和风格的剪纸艺术，这是一种承载着长白山一带灿烂而厚重文化的民间艺术，在景观灯设计中采用该题材和形式，并将其进行艺术简化，适用于灯具装饰（见图3－11）。

4. 建筑设计

"乌拉街满族生态博物馆"的建筑分为四类：一是"乌拉街满族生态博物馆"的主体建筑——"以山之名"展馆；二是乌拉街"三府一寺"清代建筑群；三是一般性住宅；四是新建建筑。

乌拉街清代建筑群为全国重点文物保护单位，不可对其进行改造，仅能在法律法规允许的范围内作满族文化展厅使用。对于其他三类建筑，则采用不同的建筑设计方法。

图 3 – 6 "乌拉街满族生态博物馆" SWOT 分析

资料来源：笔者自行绘制。

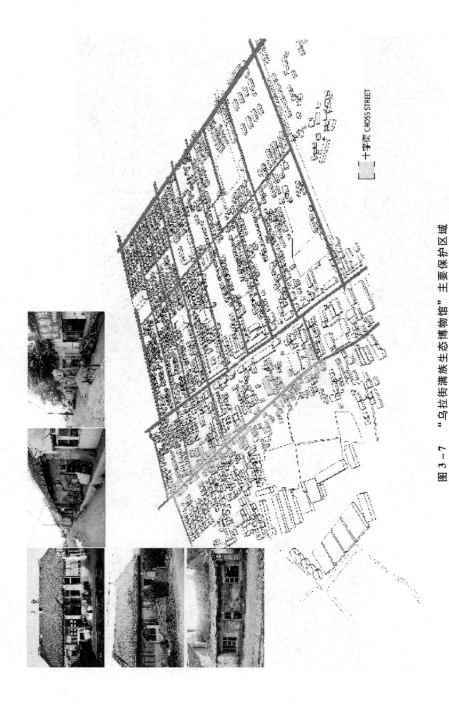

图 3 - 7　"乌拉街满族生态博物馆"主要保护区域

资料来源：笔者拍摄、制作。

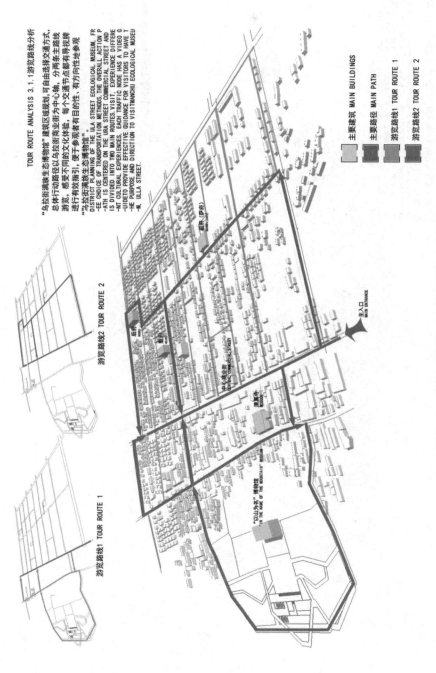

图 3 - 8　"乌拉街满族生态博物馆" 路网规划

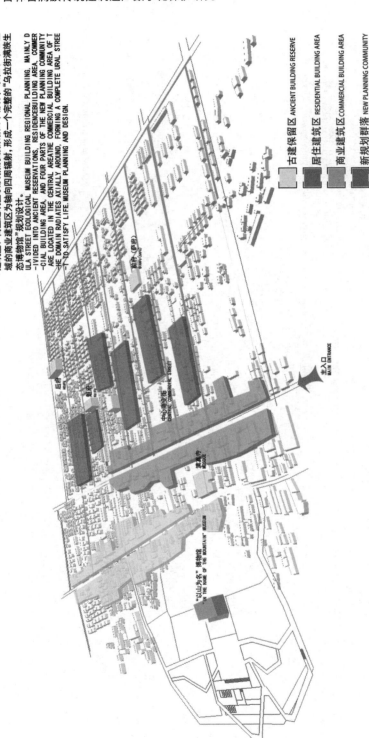

"乌拉街满族生态博物馆"建筑区域规划，主要分为古建保留区、居住建筑区、商业建筑区以及新规划群落四个部分，以位于中心区域的商业建筑区为轴向四周辐射，形成一个完整的"乌拉街满族生态博物馆"规划设计。

ULA STREET EOCLOGICAL MUSEUM BUILDING REGIONAL PLANNING, MAINLY D-IVIDED INTO ANCIENT RESERVATIONS, RESIDENCEBUILDING AREA, COMMER-CIAL BUILDING AREA, AND FOUR PARTS OF THE NEW PLANNING COMMUNITY ARE LOCATED IN THE CENTRAL AREATHE COMMERCIAL BUILDING AREA OF T-HE DOMAIN RADIATES AXIALLY AROUND, FORMING A COMPLETE URAL STREE-T TO SATISFY LIFE. MUSEUM PLANNING AND DESIGN.

古建保留区 ANCIENT BUILDING RESERVE

居住建筑区 RESIDENTIAL BUILDING AREA

商业建筑区 COMMERCIAL BUILDING AREA

新规划群落 NEW PLANNING COMMUNITY

主入口
MAIN ENTRANCE

中心商业街
CENTRE COMMERCIAL STREET

建筑节
NODE

"以山为名"博物馆
"IN THE NAME OF THE MOUNTAIN" MUSEUM

图 3 - 9　"乌拉街满族生态博物馆"建筑风貌分区

资料来源：笔者自制。

图 3 – 10　"乌拉街满族生态博物馆"景观创意小品

资料来源：笔者制作。

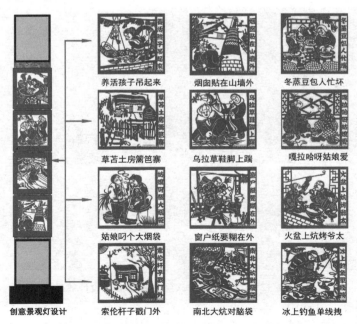

图 3 – 11　"乌拉街满族生态博物馆"满族剪纸题材创意景观灯设计

资料来源：笔者制作。

对"以山之名"展馆，采用本土设计理念与方法，开展基于地区建筑元素和建筑材料的创新设计；对满族传统建筑一般性住宅，则在"修旧如旧"的原则下，以研究参数作为依据，进行建筑复原修复，以最大限度地保存满族传统建筑文化；对于乌拉街地区新建的建筑，则通过提炼出满族传统建筑中的代表性符号塑造新界面，用现代建筑解读满族传统文化。

"以山之名"展馆具体设计如下：

正门采用玻璃幕墙和镂空砖相结合的形式，建筑贴近自然，与周围环境相融合，契合环境和建筑主题；

从乌拉街地区满族传统建筑当中提取建筑元素，采用大量青砖作为建筑材料，使建筑与整个乌拉街传统建筑相融合；

建筑周围种植乔木、灌木等北方树种，整体景观布局以松花江流向为导引，景观与建筑相互呼应（见图 3 – 12、图 3 – 13）。

图 3 – 12　"乌拉街满族生态博物馆"设计效果

资料来源：笔者制作。

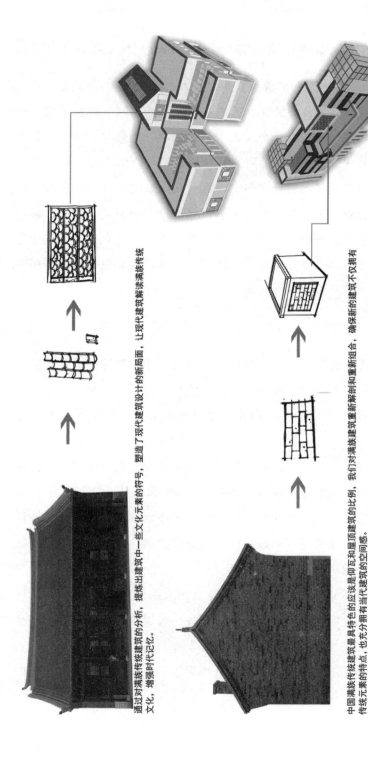

图 3 - 13 "乌拉街满族生态博物馆"建筑创新设计

通过对满族传统建筑的分析，提炼出建筑中一些文化元素的符号，塑造了现代建筑设计的新局面，让现代建筑解读满族传统文化，增强时代记忆。

中国满族传统建筑景景具特色的应该悬仰瓦和屋顶建筑的比例，我们对满族建筑重新解剖和重新组合，确保新的建筑不仅拥有传统元素的特点，也充分拥有当代建筑的空间同感。

资料来源：笔者拍摄、制作。

五　"乌拉街满族生态博物馆"导向系统设计（见图3-14）

"视觉形象识别系统"是旅游形象识别系统中的静态识别系统，它以标识、标准字、标准色为核心展开，形成一个完整的、系统的视觉传达体系。它既可以提炼并阐释"乌拉街满族生态博物馆"的性格与文化，让其形象高度统一，使视觉传播资源得到充分利用，又可以增强大众对"乌拉街满族生态博物馆"形象的直观感知度，是"乌拉街满族生态博物馆"旅游形象展示的最直观、最有效、最具传播力和感染力的方式。因此，通过建立"乌拉街满族生态博物馆"视觉形象识别系统，让"乌拉街满族生态博物馆"旅游特色更加明显，定位更加清晰，以达到最理想的品牌传播效果，能够进一步促进其旅游事业的发展。

（一）"乌拉街满族生态博物馆"旅游形象标识设计

旅游标志"是为旅游城市、旅游活动和旅游文化而打造的、具有特定含义和代表性的视觉形象。它既是一个城市的形象代表，又是一种城市文化的象征"。[1] 一般来说，其设计构成元素有两个方面：图形元素和文字元素。

图形元素在设计中亦采用比较具象的方法，这种方式能够突出旅游重点，让接收者快速准确地定位到旅游信息。"乌拉街满族生态博物馆"旅游形象的选择，应集中在区域内著名的历史遗迹和地域文化的物质化载体上。这些历史、人文景观是"乌拉街满族生态博物馆"旅游规划的重点区域，也最能体现乌拉街地区文化和性格。

文字元素也是标识设计主要来源。这里的文字元素与标准字有所区别，主要是利用文字本身的图形性来传递精神、表现性格，阐释和表现地域文化和旅游理念，是将"文"转化成"图"的过程。

中国的文字是象形文字，本身就具有图形性。"汉字图形经过长期的

---

[1]　章晓岚编著《旅游视觉形象传播与设计》，格致出版社，2011，第176页。

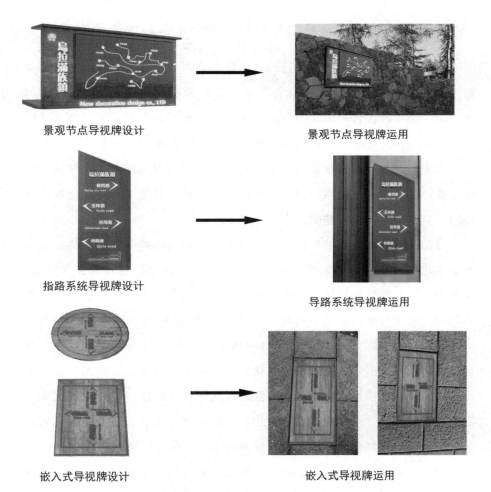

景观节点导视牌设计　　　　　　　　　　景观节点导视牌运用

指路系统导视牌设计　　　　　　　　　　导路系统导视牌运用

嵌入式导视牌设计　　　　　　　　　　　嵌入式导视牌运用

图 3 – 14　"乌拉街满族生态博物馆"导向系统设计

资料来源：笔者制作。

发展，已不仅仅是记事的符号，就创造形式来讲，其中蕴含了中国人的心理情感和审美意趣，从汉字图形构成的表意性、象形性、表情性、和谐性、审美性等特征侧面体现了传统造型艺术的发展源流。"① 对于"乌拉街满族生态博物馆"而言，可以通过满族文字图形表意，构建起视觉识别语汇。

---

① 潘鲁生：《传统汉字图形装饰》，《文艺研究》2006 年第 8 期。

（二）"乌拉街满族生态博物馆"旅游形象标准字设计

标准字内容一般包括游览目的地名称的字体、品牌的广告语和策划文案用语。"乌拉街满族生态博物馆"的旅游形象标准字选择主要集中在三类：第一类是我国各种形式的书法字体；第二类是艺术字；第三类是外国文字。这是由文字符号设计的深层次文化动因决定的。

首先，文字符号是审美追求的外化。中国传统书法作为文字符号的优先选择，是因为其"能表现人格、创造意境，和其他艺术一样，尤接近音乐的、舞蹈的、建筑的抽象美"。①

目前国内许多城市的旅游标识文字不约而同地选择了书法字体，这是传统文化根植于中华儿女内心的印记，道出了中华民族独特的美学情结，也是我们民族独特的文化个性的一种体现。书法字体的选择符合国人的期待视域，能够增强认同感，同时也能体现旅游资源的历史厚重感。

其次，文字符号的选择也与目的地旅游发展定位有着密切联系。例如，沈阳虽然也有着悠久的历史文化底蕴，但是其城市旅游形象标识却没有采用传统的书法形式，而是艺术性地以几何形状设计拼合而成"沈阳·活力之都"几个字。这传递着一个信息，即"工业旅游"已成为沈阳城市旅游的一道富有特色的景致，是其阶段性城市发展定位的体现。

最后，外国文字的应用不仅是一种有效而普遍的交流手段，也可以增强文化认同感。

随着外国游客的日渐增加和城市对外开放程度的不断扩大，外国文字，特别是英文，成为一种有效而普遍的交流符号。因此，在旅游目的地形象设计中不可避免地会出现外国文字符号，以英文字母居多。英文字母凭借其独特的结构形态，成为强化旅游形象的重要辅助手段。特别是对于开放程度较高的旅游目的地而言，更能体现其包容、开放的性格特征。对于国外游客而言，这是一种有效而友好的信息传递符号，国内游客也因为

---

① 《宗白华全集》第 2 卷，安徽教育出版社，2011，第 203 页。

产生审美距离，而倍感新鲜。因此，在进行文字符号的设计时，要充分考虑历史与现代、内涵与外延的关系。

在"乌拉街满族生态博物馆"旅游建设中，标准字的选择主要需要考虑地域旅游的定位，即以"满族文化旅游"为主。因此，设计风格要"粗犷"、体现文化质感。其形式宜采用艺术字，并辅助外国文字去真实表达当前诉求，这样的设计才能紧扣人心，充分表达出旅游的主要特点，让"乌拉街满族生态博物馆"的旅游形象更好地得到传播和认同。

另外，值得注意的是，文字符号需要在形式美的范畴内进行设计，仍然要贯彻形式美的原则，无论文字符号的多寡，在设计上都应遵循动静结合、协调一致的原则。

（三）"乌拉街满族生态博物馆"旅游形象标准色设计

色彩是城市文化的重要载体，同时也是"乌拉街满族生态博物馆"旅游形象视觉识别系统设计的重要组成部分。色彩是最抽象，却也是最明确的视觉识别符号。一提到埃及，人们马上就能联想到沙漠和金字塔所呈现的金黄色；一提到希腊，白色的建筑和蓝色的爱琴海形象就呼之欲出；一提到北京，就能想到紫禁城的红墙黄瓦。

旅游目的地让我们联想到建筑和风景进而抽象成色彩符号，色彩符号又激发了我们的联想，从抽象的颜色概念走向具象的城市印象。

"乌拉街满族生态博物馆"旅游的标准色的来源主要有以下几个方面。

1. 历史遗迹和代表性建筑

历史遗迹和代表性建筑是指在乌拉街发展历史上发挥过重要作用的遗址。由于历史遗迹和文化建筑的颜色多不是单一的，因此一般都选取其中最具代表性的色彩，如灰、黑等。

2. 非物质文化的物质载体

满族传统文化遗产也包括非物质文化遗产，其物质载体表现形式多种多样，如服饰、记忆等。这些载体由于凝结了乌拉街地区和满族人民的生存方式、生存状态、思想感情，而成为文化的象征。

3. 旅游理念的具体化

色彩符号也可以多元、丰富，呈现多种颜色的复合状态。这种复合状态不是从前述城市物质基础中提炼出来的，而是对于该地旅游理念的一种具体化的体现。这种旅游理念一般期望给人时尚、开放和现代的印象，所以在色彩符号的选择上，比较丰富多彩。

"乌拉街满族生态博物馆"的视觉识别系统中的标准色设计，可以充分考虑乌拉街独特的满族传统建筑遗产和民族色彩，采用红色、黄色等能激发人们对满族文化抽象联想的色彩，吸引游客。

六　建筑遗产和非物质文化遗产数字化保护结合

将生态博物馆的概念引入满族文化遗产保护，规划设计"乌拉街满族生态博物馆"，具有重要意义。一方面，依托少数民族文化原生地的传统建筑遗产资源，对无形文化资源进行保护和展示，使有形和无形文化遗产相辅相成，可形成整体保护，为满族文化资源的保护提供一个新视野；另一方面，在保护的基础上为满族文化提供了展示平台，有效平衡旅游开发和文化保存之间的关系，为地区文化资源的旅游开发与利用提供了一种新的路径。同时，该项目的设计与规划方法、原则等，也为相关研究和实践提供了参考。

（一）"乌拉街满族生态博物馆"非物质文化遗产展示

非物质文化遗产项目，其展示传播活动很大程度上需要借助民俗博物馆来实现。然而，一直以来都以实物藏品为主的传统博物馆展示模式在面对以"活态性""无形性"为主要特征的非遗事象时显得力不从心。采用何种视角、何种方法诠释非遗，如何合理利用和拓展博物馆空间、完善对非遗事象的展示传播，是"乌拉街满族生态博物馆"展示思考的重要课题。

1. 展示空间

展示空间是指"在既定的时间和空间范围内，运用艺术设计语言，通过对空间与平面的精心创造，使其产生独特的空间氛围，不仅含有解释展品、宣传主题的意图，而且使观众能参与其中，达到完美沟通的目的"。①

"乌拉街满族生态博物馆"的展示空间包含三个维度。第一个维度是博物馆与民俗生发环境的关联空间。"乌拉街满族生态博物馆"位于乌拉街镇，与所在地的满族非物质文化生发环境形成互文性的联系，构成了博物馆的关联空间。原本作为地理区域概念的乌拉街镇及其自然风景，在空间的开放设计下与馆内空间相互映衬，成为非物质文化遗产展示的天然文化背景。

第二个维度是博物馆的建筑空间。"乌拉街满族生态博物馆"以当地满族传统建筑遗产为场所，围绕在地生产生活区域进行布局，从而极大还原了乌拉街非物质文化遗产发生的具体地点。

第三个维度是满族非物质文化遗产展示的具体现场。将非物质文化遗产展示的内容放在乌拉街满族传统建筑中，利用还原历史场景等手段复原了满族非物质文化遗产活动发生的具体现场。

2. 展示模式

"乌拉街满族生态博物馆"采用主题式的展线设计，分为"满族习俗陈列"、"民俗用具陈列"、"打牲乌拉图展"、"打牲乌拉书法艺术展"、"说部表演"和"活态展示"六个部分，采用了静态展示和动态展示相结合的方式，并拟运用数字化展示技术，让文化遗产"活起来"，从而助推数字时代中国文化遗产及其承载的文化信息走向公众，参与教育和价值观建构；走向世界，与其他文明互鉴。

（二）"乌拉街满族生态博物馆"的展示策略

1. 利用空间营造的民俗"文化情境"

"情境"源于语言学中的"context"一词，意为上下文的相互关联，后被广泛应用于文学批评、文化研究等诸多领域，引申为背景、语境等意。黄涛认为"非物质文化遗产除民间语言和民间文学外，主要部分并不

---

① 杨顺勇、曹扬主编《会展手册》，化学工业出版社，2007，第304页。

是以语言为载体的，相关文化活动也并不侧重于语言表达，而是文化主体的各种行为"。所以，"将非物质文化遗产的环境因素称为'文化情境'（简称'情境'）更为妥当"。①

"文化情境，是指具有连续性的历史传统规约下与具有干涉性的特定时空范围内的社会环境、活动场景等……从空间维度看，文化情境可分为现场情景和社会文化背景两部分。"②"乌拉街满族生态博物馆"在展示空间上的三重维度层层递进，共同构建了景德镇陶瓷习俗展示的"文化情境"。同时，这些特殊的空间建构被赋予了更多的文化内涵，成为参观者理解非遗内涵的重要场所。

（1）利用开敞空间营造的文化归宿

"乌拉街满族生态博物馆"借助传统的借景与对景等手法和建筑物开敞的空间特征，使馆内外空间交相渗透，将满族非物质文化遗产原生地的自然景观和文化概念转化为文化背景，融入展示中来。同时，"乌拉街满族生态博物馆"在博物馆公共空间的设计上，采用了满族传统建筑材料和非物质文化遗产代表作品进行了通道的铺设和景观的打造，使参观者全方位地沉浸到由满族文化营造的环境当中。

（2）利用历史建筑营造的传统氛围

地区历史建筑是一地文化的重要载体。对于非遗而言，这些建筑不仅是历史上非遗事象产生的重要场所，也是非遗活动的重要空间。将历史上的地区传统民居建筑作为展示场馆，构成了三维的历史文化再现空间，有助于加深参观者对非遗事象产生的具体环境的认识和理解，也营造了一种真实的传统氛围。

而对社区内成员的成员而言，地区传统建筑就是"回忆中的家园"。社区内参观者的怀旧情绪被调动起来，有助于进一步理解地区的历史与文

---

① 黄涛：《论非物质文化遗产的情境保护》，《中国人民大学学报》2006 年第 5 期，第 68 ~ 69 页。

② 黄涛：《论非物质文化遗产的情境保护》，《中国人民大学学报》2006 年第 5 期，第 70 ~ 71 页。

化，进而增强社群认同感。

（3）利用场景还原营造的情节逻辑

"空间情节是为了建构有感染力的场所，在空间结构编排中，引入生活情节及其深层体验框架，同时借用剧作学的一些方法，结合活动功能、空间体验对相关题材的空间元素进行一系列的组织安排，从而来诠释空间存在的意义。"[①] "乌拉街满族生态博物馆"利用硅胶群像和民俗活动现场的还原，进行了一系列空间情节的组织与安排，不仅更好地阐释了非物质文化遗产的核心内容，也让原本无序的空间关系形成了内在的逻辑。同时，情节设计也能增强参观者的参与性和体验感，激发想象，使之更好地与空间产生共鸣。

2. 传播视野的新型模式

传统博物馆"固化遗产"的批判声不绝于耳，其展示方式更是与非遗的动态特质和生命力相抵牾。借助拉斯韦尔的"5W理论"，即传播过程中的五个重要因素——传播者（Who）、传播内容（say What）、传播渠道（in Which channel）、受众（to Whom）、传播效果（with What effect），可以更加清晰地展现这一矛盾。

非遗事象的传播者已由博物馆主体向传承人主体转向，展示空间趋向多元，展示内容也由"静观"的藏品变为以行为赋义为特点的非遗事象，博物馆的受众由普通大众转向亲近的社区民众，而原本的单向传播也转变为双向互动。

民俗类专题博物馆非遗展示传播具体模式见表3－1。

表3－1　民俗类专题博物馆非遗展示传播模式

	传播者	传播内容	传播渠道	受众	传播效果
传统博物馆	博物馆	实物藏品	实体展厅	大众	单向知识传递
非遗博物馆	传承人	非遗事象	实体、虚拟展示空间	大众，特别是社区成员	互动

资料来源：笔者自制。

---

① 陆绍明：《建筑体验——空间中的情节》，中国建筑工业出版社，2007，第43页。

（1）确定以传承人为主体的社区参与

"乌拉街满族生态博物馆"的非遗展示首先应明确传承人的主体地位，由非遗传承人进行现场展演、自我述说，以确保非遗事象的"原真性"。同时，在博物馆内建立传习所，在传承之余，可保证馆内非遗事象展示的常态性。

与此同时，可通过流动博物馆、定期举办大型民俗活动、与周边学校互动、建设网上平台等多种手段吸引社区成员的参与。

（2）静与动相结合的展示方式

非遗的"无形性"要求展示的动态性，既需要非遗传承人进行现场展演，同时也需要利用科技手段，如全息影像、幻影成像、虚拟现实等，对复杂的、庞大的生产场面、祭祀仪式等进行动态展示。

但对动态展示的要求并不意味着非遗的"物质性"在展示过程中的消隐。物质遗存是非遗的载体，非遗的动态性必须依靠相关的物质载体来进行解释，否则将面临展示的"碎片化"和解码的困境。依托实物展品，通过对非遗事象产生的历史文化背景的介绍，对发展脉络的梳理和对器物、仪式的解释，可以使具有不同象征性背景的人对非遗的含义做出正确的理解，了解非遗所处的文化语境。激发人们对非遗的兴趣，帮助人们理解相关知识，是静态展示在非遗展示中存在的意义。

（3）实与虚的展示空间

实体展示空间在塑造非遗的"文化情境"方面有着得天独厚的优势，建筑实体无论从嗅觉、味觉、视觉方面，还是从触觉方面，都能带给参观者最直观的体验。因此非遗展示应该保留实体空间并扩大优势，通过情景的渲染调动参观者的情绪，进而促进参观者对非遗事象内容的接受和理解。

与此同时，也应该利用数字化手段进行虚拟空间的扩展。虚拟空间不仅应包括由于复杂、庞大的民俗事象而在实体空间内无法尽现的"文化空间"，也应包括虚拟体验空间、用户互动界面等服务空间，以保证非遗事象更好地展示与传播。

（4）互动体验

《宾至如归：博物馆如何吸引观众》一书提到大英博物馆的互动项目——"一个学识渊博、十分热情的志愿者给了我们可以用手触碰这些物品的机会（不是萨顿胡的，但至少也是盎格鲁－撒克逊时期的）。我们的向导是一位年长的妇人，她向我们演示应该如何正确地搬动金锭，并与我们一起探讨这些物品和它们所代表的文化"，进而提出了针对这个项目的观众调查报告，显示观众动手操作的被关注程度高于大英博物馆的总体被关注程度，而"96%的观众都认为这一动手体验提升了他们的参观质量，将展品与生活联系在了一起"。[1] 这为"乌拉街满族生态博物馆"非遗的互动展示提供了一个良好的操作样本。与大英博物馆的金锭相比，"乌拉街满族生态博物馆"的非遗藏品大多来自民间，经济价值低，更易开展这种动手体验的互动项目。

同时，随着新媒体和数字技术的日新月异，互动还可以借助虚拟空间来实现，如在线学习、资源下载、数字地图和虚拟博物馆等。这些都能带给参观者全新的互动体验，增进参观者与博物馆的沟通与交流，保证非遗事象的顺畅传播。

第四节　吉林省满族传统建筑遗产数字化保护存在的问题

一　对吉林省满族传统建筑遗产数字化保护认识不足

吉林省是满族的主要发源地之一，拥有丰富的满族传统建筑资源，其在文化上、历史上、艺术上、经济应用上的价值已毋庸赘述。目前，有关满族传统建筑的研究多集中在学术领域，无论对其进行经济价值的挖掘，还是推动相关文化遗产的产业化发展，理应进入主管部门和学术界的视

---

① 〔美〕朱莉·德克尔编《宾至如归：博物馆如何吸引观众》，王欣译，上海科技教育出版社，2017，第1~2页。

野，以使其产生更大的经济价值。

数字化保护能够很好地平衡保护与利用之间的关系，因此，对吉林省满族传统建筑遗产进行数字化的保护实践和理论构建势在必行，应引起足够的重视。

二　吉林省满族传统建筑遗产数字化保护规范欠缺

现阶段，关于吉林省满族传统建筑遗产数字化保护仍没有相关规范可遵循，尤其是数字化保护的分类体系、安全制度、版权保护、技术接口等方面，还需要建立规范化的体系，进行规范化管理。

同时，对于吉林省满族传统建筑遗产数字资源如何与社会其他领域资源共享，也需要制订科学、合理、完备的规范，以满足旅游、工业、教育、影视等经济领域对吉林省满族传统建筑遗产数字资源应用转化的强烈需求和合作意向。

三　吉林省满族传统建筑遗产数字化保护人才缺乏

吉林省满族传统建筑遗产的数字化保护，需要更加专业的人员和更加专业的技术。这些专业人才不仅要具备文化与科技两方面的能力，还需要在数字科技日新月异的发展变化下，具有持续学习的能力。

吉林省满族传统建筑遗产数字化保护的专业人才既要拥有历史学、文化学、文物保护学、艺术学、建筑学等学科的综合性专业知识，对满族传统建筑文化有深刻认知和精准把握，同时还需要掌握数字化保护技术和设备的使用和研发技术。但目前，吉林省满族传统建筑遗产数字化保护队伍跨学科复合型人才紧缺，因此，需要更多跨学科的综合型人才投身其中。只有同时具备文化与科技要求的复合型人才才能满足需要，跨学科、跨领域、跨组织共享合作，方可加快吉林省满族传统建筑遗产数字化保护工作的步伐。

四　吉林省满族传统建筑遗产数字化保护经费投入略不足

由于文物保护工作是一项社会公益性事业，主要经费来源还是政府财政预算，这一点在《中华人民共和国文物保护法》中有明确规定，也是国务院要求的"五纳入"内容之一。而文物数字化的前端工作与一般的档案工作建设最大的区别是需要高科技设备的投入，所以成本较高。因此，整体来看，目前开展吉林省满族传统建筑遗产数字化保护工作仍然面临经费不足的情况。

五　吉林省满族传统建筑遗产数字化保护的技术需要持续性更新

随着全球范围内文化遗产数字化保护程度的不断提高，常用的技术如三维扫描技术、图像增强技术、虚拟显示技术、数据存储技术等，正逐步成熟并得到广泛应用，而另一些新的技术也逐步与文化遗产数字化保护相结合，元数据、人工智能、数字孪生、区块链等技术，为数字化保护提供了更丰富的前瞻视野，需要在吉林省满族传统建筑遗产数字化保护中，不断加强对数字化技术的持续更新，用更先进的技术来增强保护效果。

第五节　吉林省满族传统建筑遗产数字化保护的总体原则、基本要求和建设策略

一　吉林省满族传统建筑遗产数字化保护的总体原则

（一）保护和利用相结合

文化遗产，特别是建筑文物遗产，以往在保护与利用之间往往存在比较尖锐的矛盾。而有赖于数字化技术的介入，这一矛盾在很大程度上得到缓解。利用数字化手段对吉林省满族传统建筑遗产进行开发利用，并不会破坏文物遗产，反而为遗产保护提供了新的研究视角、方法和途径。在这

个基点上，展开吉林省满族传统建筑遗产的数字化利用，既是数字化保护的内容，又是数字化保护理论与实际相结合的成果。因此，在进行吉林省满族传统建筑遗产数字化保护的过程中，在对象研究、技术研究、实例制作等环节要突出数字化保护和利用相结合的原则。

（二）人文与科技相结合

建筑遗产既是一个地区传统特色的空间表征，也是其身份由来的空间见证；既是历史赋予的文化资产，也是未来发展所需的文化资源；既是学术研究的对象，也是工程实践的领域。建筑遗产是一个跨越人文社会科学和工程技术科学的新兴学科领域，具有很强的综合性和交叉性。[①] 因此，在实际推进吉林省满族传统建筑遗产数字化保护工作时，应对吉林省满族传统建筑遗产的地理区位、基本信息、历史背景、文化背景、艺术特征等进行全面的了解和分析，并处理好各要素之间的关系。在对建筑信息进行数字化处理的过程中，应对其所蕴含的人文信息进行精准的采集、录入、加工、存储，从而在充分体现建筑文化遗产文化特征的前提下，利用技术手段实现立体化、多形式、创新性的建筑遗产展现与传承。

与此同时，在数字化保护过程中，要突出"人"的重要地位，因为这些具有珍贵价值的古建筑，在后期保养与修复过程中，都必须借助人的智慧与劳动力。还需全面考虑建筑物本身与当地民众生活的关联性，根据建筑遗产与在地文脉和人民的密切关系，制订具有层次性与灵活性的数字化保护方案，制订与实施的数字化保护措施不应影响当地人的正常生活，并应很好地保护当地的人文风貌。

二 吉林省满族传统建筑遗产数字化保护的基本要求

（一）真实性

吉林省满族传统建筑遗产数字化保护的真实性是指对建筑遗产的真实

---

① 常青：《对建筑遗产基本问题的认知》，《建筑遗产》2016 年第 1 期。

性记录，不仅要满足对建筑现状的真实性还原，让数字化展示带来逼真的体验，还要依据文献资料、实地考察进行分析研究，对吉林省满族传统建筑遗产从形式、结构、特征、人文信息等方面进行科学论证，保证记录、再现的真实性。

（二）完整性

对吉林省满族传统建筑遗产开展数字化保护，要注重建筑遗产本身所含信息体系及保护研究体系的完整性。

关于吉林省满族建筑遗产的建筑信息，要求在现有文献和数据资料的基础上，对建筑遗产本身所蕴含的历史、艺术特征、建筑特征等信息展开全面的研究，并将相对应的属性信息进行存储。这些信息包括建筑的影像图、建筑平面图以及三维模型等空间数据信息，以及建筑的构件类型、材质、尺寸、文献资料、影像资料和历史文化信息等。这样才能切实提升吉林省传统满族建筑遗产数字化保护能力。

（三）易读性

对吉林省满族传统建筑遗产的数字化保护，一方面可以通过数字化信息的采集与数据库的建立，为满族传统建筑的相关研究以及建筑实体修缮复原提供准确、科学的数据支持；另一方面可以运用数字化展示技术拓展空间浏览模式，打破时间和空间的局限，更广泛地传播吉林省满族传统建筑艺术，让更多的人认识和了解吉林省的满族文化遗产，起到进一步开发地方旅游资源、助力地区经济发展的作用。吉林省满族传统建筑遗产数字化保护服务的受众面广，既有对传统文化感兴趣的普通游客，也有开展学术研究的科研工作者和学生，同时还有文物保护相关的工作人员。考虑到受众的受教育程度、调阅信息的目的和传播度等因素，针对吉林省满族传统建筑遗产数字化信息建设，需要增加其易读性，提供能够清晰、便捷地向受众传达所需信息的系统，满足不同受众群体的需要。

（四）可持续性

对吉林省满族传统建筑遗产开展数字化保护，不仅是在现阶段对遗产数据进行记录，还需要在后续的研究和保护过程中，不断对数据信息进行更新，形成可持续的良性保护体系。

同时，要持续关注文物遗产保护的新技术，在吉林省满族传统建筑遗产资源数字化保护的领域内，分析数字化新技术对于吉林省建筑遗产保护的适应性，用更新的技术保证吉林省满族传统建筑遗产保护的永续、全面态势。

（五）安全性

随着计算机技术的普及，数据系统极易遭到攻击，从而导致信息泄露，因此在吉林省满族传统建筑遗产数字化保护中，要重视数据应用的安全性，要在确保网络安全的前提下发挥数字化保护的作用。

同时，要积极对著作权进行保护，才能让吉林省满族传统建筑遗产数字化保护获得良好的发展。

吉林省满族传统建筑遗产数字化保护，以安全性和可持续性为前提，以真实、完整、准确地阐释遗产价值为目标，坚持以受众感受为出发点，注重设计的可读性，这些基本要求要贯彻到整个数字化保护活动中。

三　吉林省满族传统建筑遗产数字化保护的建设策略

（一）增强公众的吉林省满族传统建筑遗产数字化保护意识

对吉林省满族传统建筑遗产开展数字化保护是一个长期的、复杂的系统工程，需要全社会、全民的共同参与，但吉林省满族传统建筑遗产数字化保护作为文物保护的一项新手段，对公众而言较为陌生，唯有增强公众的吉林省满族传统建筑遗产保护意识和数字化保护认知，方可使工作更顺利地进行。

这需要各级政府、有关部门加强对满族传统建筑遗产数字化保护内容和意义的有效宣传，让其多元价值和重要作用逐渐被公众知悉，进而让更多人自觉加入文化遗产保护的队伍当中。

同时，还可以通过组织、举办各式各样的数字化保护成果展，宣传、推广吉林省满族传统建筑遗产数字化保护建设，让人们更直观地感受数字化保护在建筑遗产展示和保护方面的优越性。

（二）将吉林省满族传统建筑遗产数字化保护成果转化成产业经济资源

对于吉林省满族传统建筑遗产数字化保护成果的建设和维护，仅靠政府财政预算、社会资金等方式并非长久之计。要将市场需求作为主导，鼓励相关企业加入数字化保护队伍，引导企业明确吉林省满族传统建筑遗产数字化保护所蕴含的商业价值，推动企业参与数字化产品的开发，在保护性利用的总体原则上，对吉林省满族传统建筑遗产数字化资源进行再加工与再创造，开发丰富多样的数字化产品和可以在市场上自由流通的文化创意商品，达到保护遗产和创造经济效益双重目的，在促进地区经济发展的同时，还可以反哺数字化保护建设。

（三）建设吉林省满族传统建筑遗产数字化保护人才队伍

吉林省满族传统建筑遗产数字化保护工作需要学科、专业之间的交叉，不仅要求工作人员对文化遗产有深入的了解，还要求工作人员具备良好的数字化技术素养，因此需要加强人才队伍的建设。

首先，针对相关的数字化保护人员，应该采取具体的培训措施，实现人员综合素质的进一步提升。通过定期培训、组织专家讲座、搭建交流平台等方法，实现其业务素质的提升。

其次，联合高校开展对后继人才的培养。搭建产学研平台，加强与设有文化产业管理、建筑设计、艺术设计等相关专业的地方高校的交流合作，加大对吉林省满族传统建筑遗产数字化保护相关人才的培养力度，切实为学生提供实践活动机会及实习岗位等。

最后，建立并完善数字化保护人才评价及激励机制，切实调动专业人才的参与积极性，不断提升专业人才的综合素质，从而为吉林省满族传统建筑遗产数字化提供坚实的人力资源支撑。

第四章　吉林省满族传统建筑遗产数字信息图稿

第一节　"萨府"

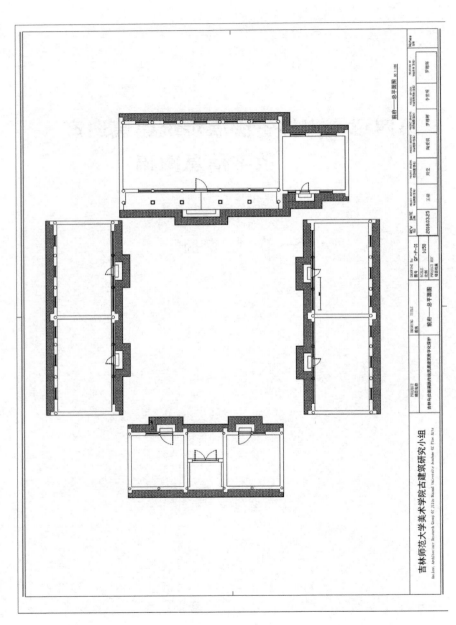

图 4-1 "萨府"—总平面图

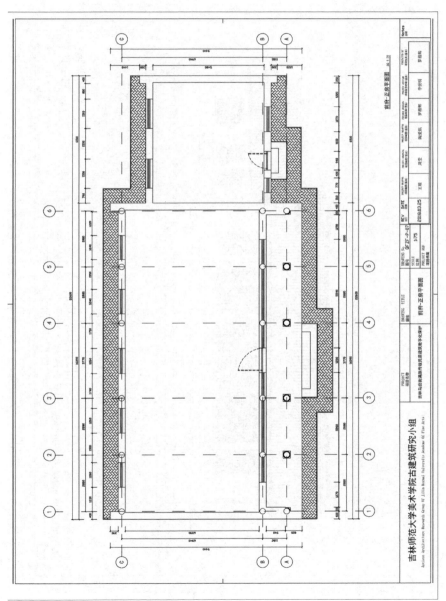

图 4-2　"萨府"—正房平面图

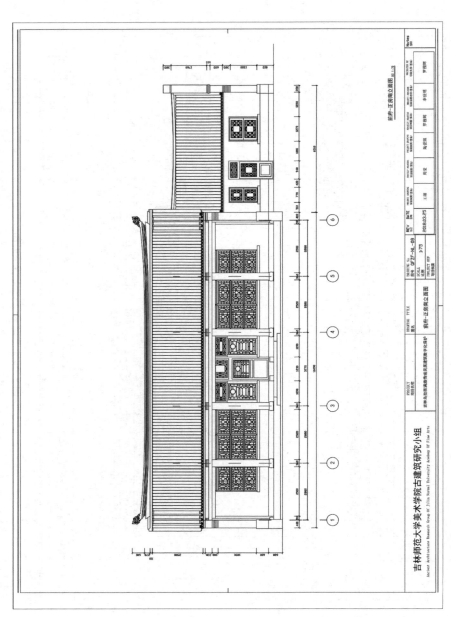

图 4 – 3 "萨 府" —正房南立面图

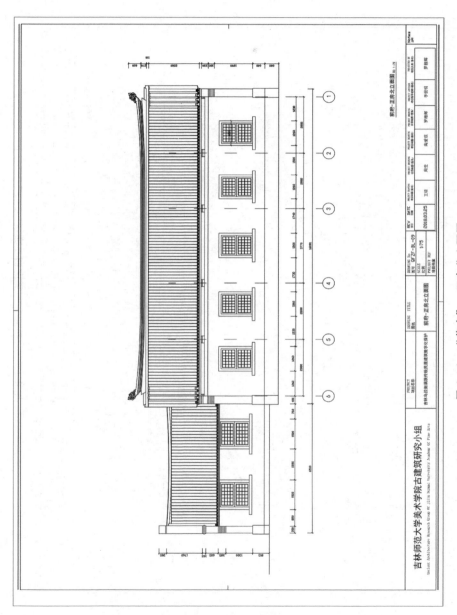

图 4 - 4 "萨府"——正房北立面图

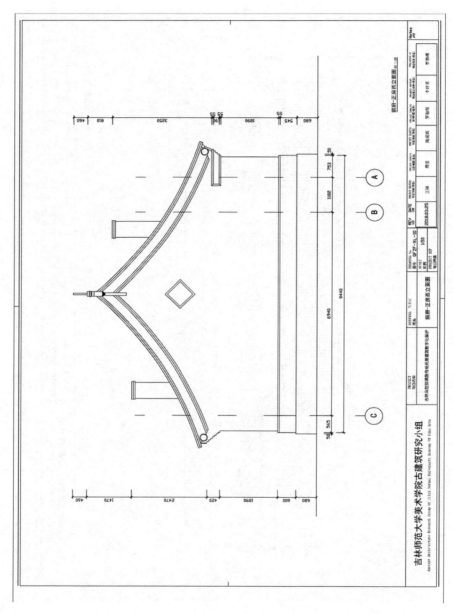

图 4－5　"萨府"—正房西立面图

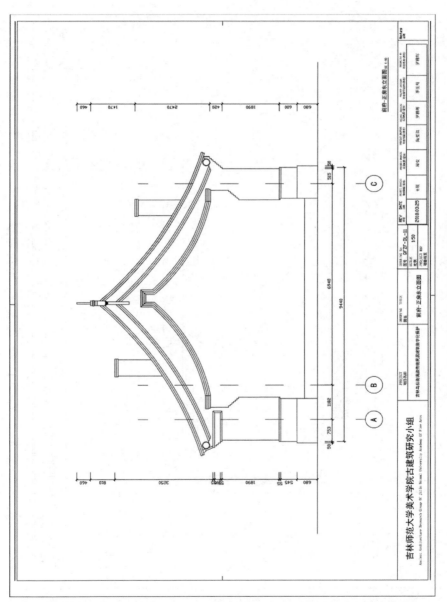

图 4-6 "萨府"—正房东立面图

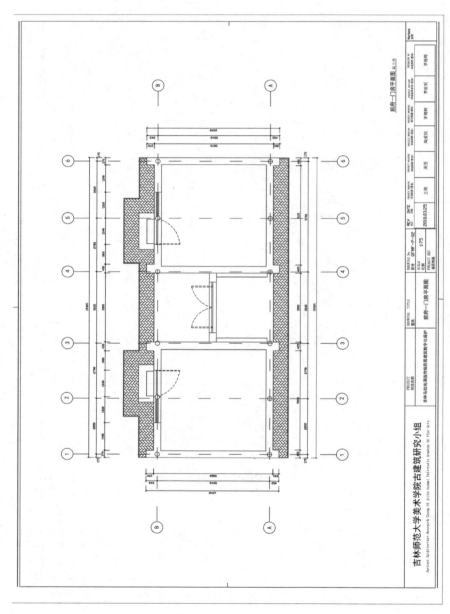

图 4 - 7 "萨府" 一门房平面图

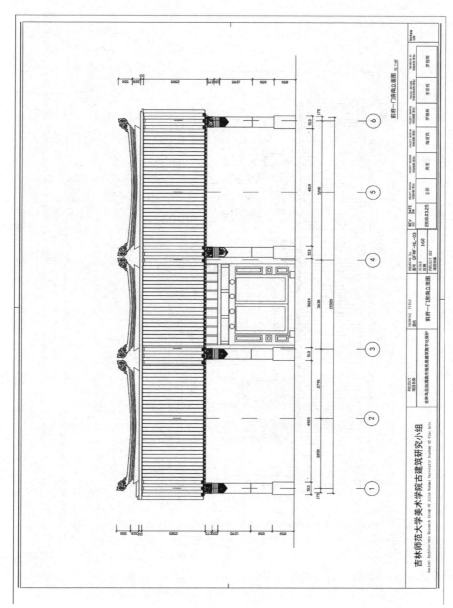

图 4 - 8　"萨府"一门房南立面图

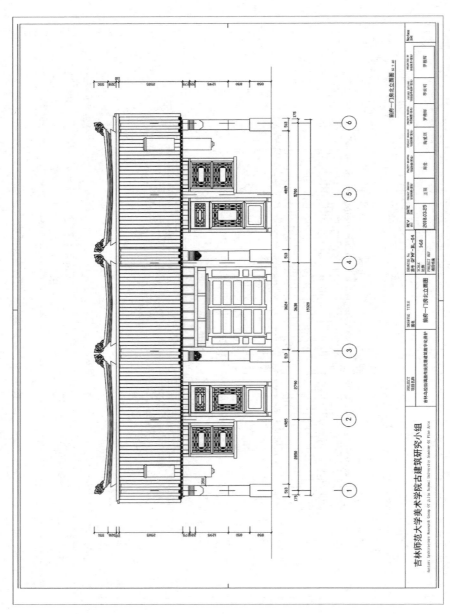

图 4-9 "萨府"一门房北立面图

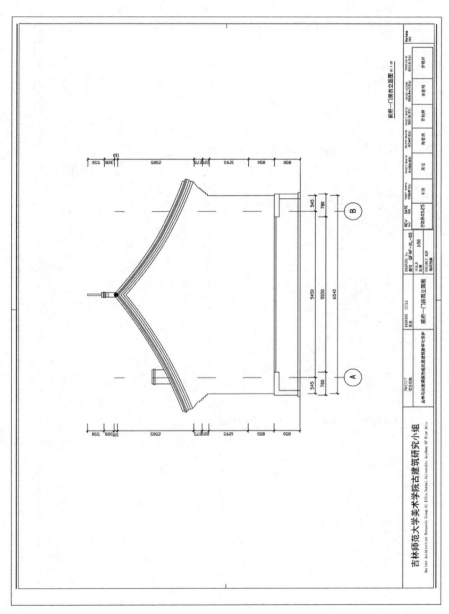

图 4－10 "萨府"一门房西立面图

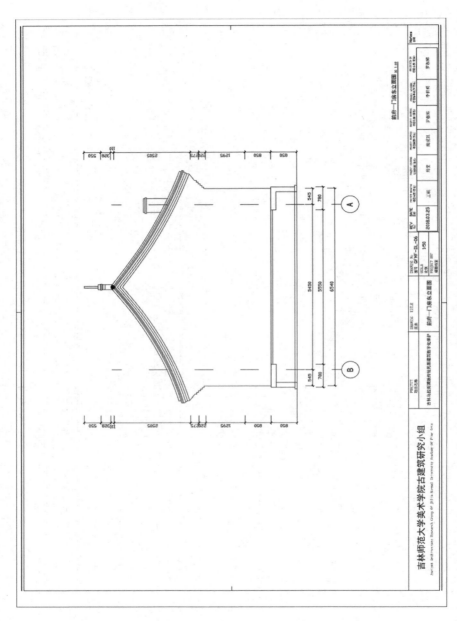

图 4 – 11 "萨府"—门房东立面图

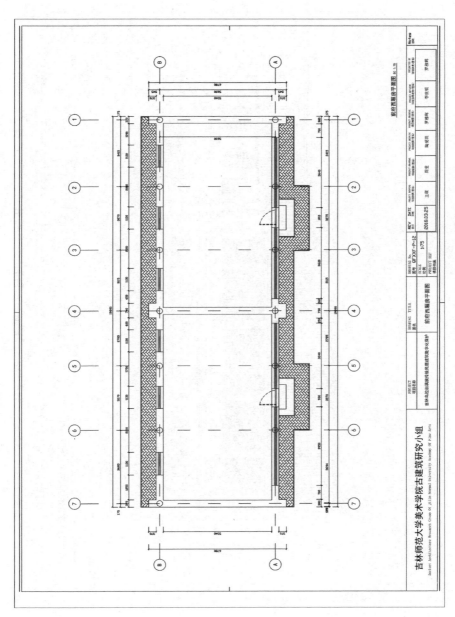

图 4－12　"萨府"—西厢房平面图

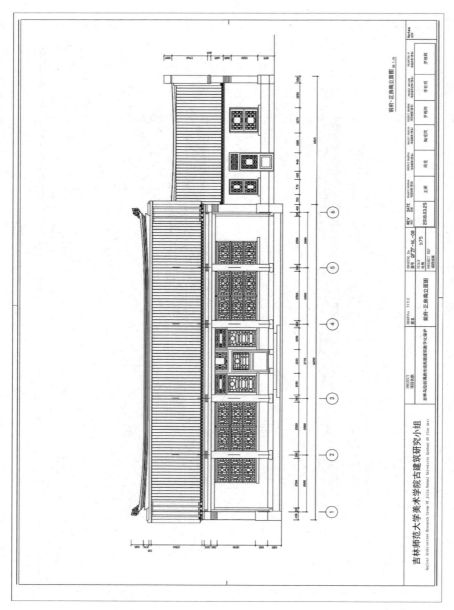

图 4 - 13　"萨府" —西厢房东立面图

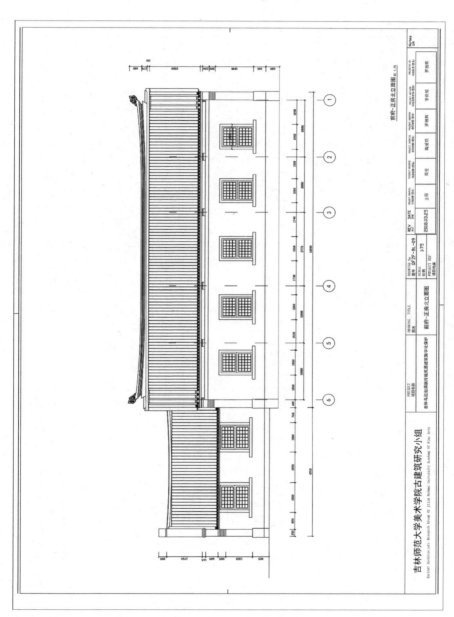

图 4 – 14　"萨府" —西厢房西立面图

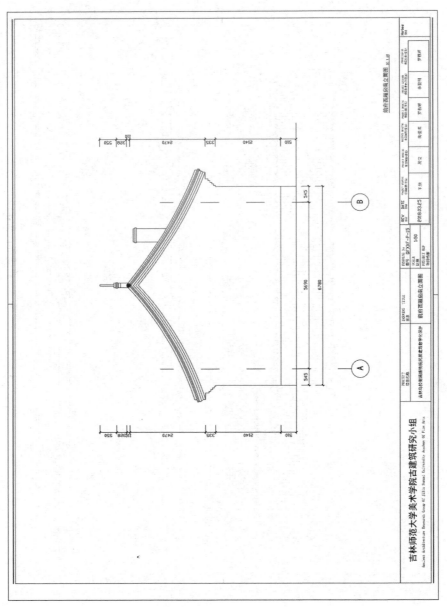

图 4 - 15 "萨府"——西厢房南立面图

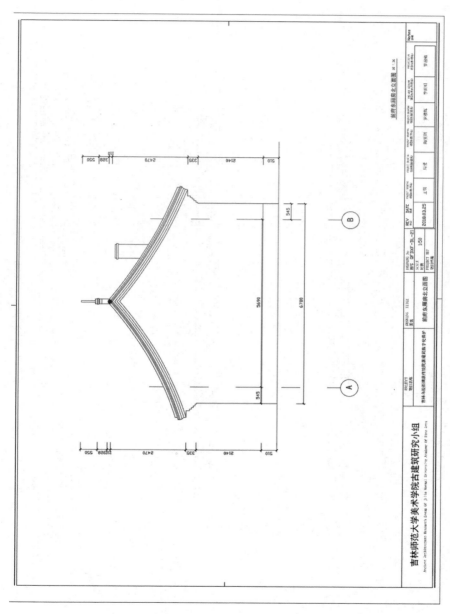

图 4 - 16　"萨府" —西厢房北立面图

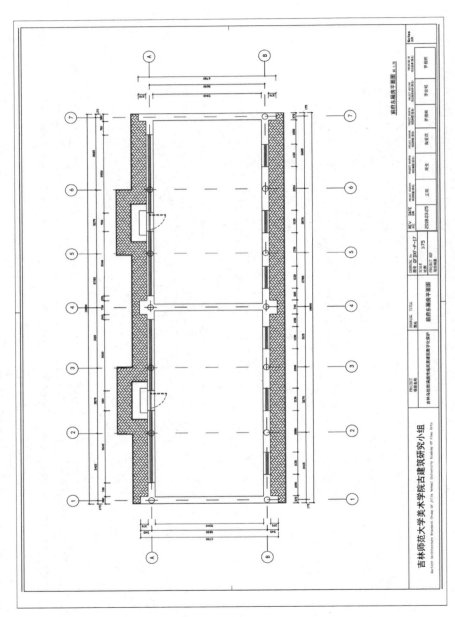

图 4－17 "萨府"—东厢房平面图

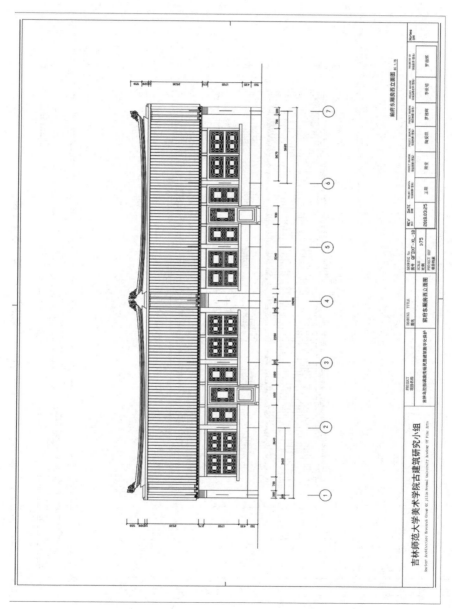

图 4－18　"萨府"—东厢房西立面图

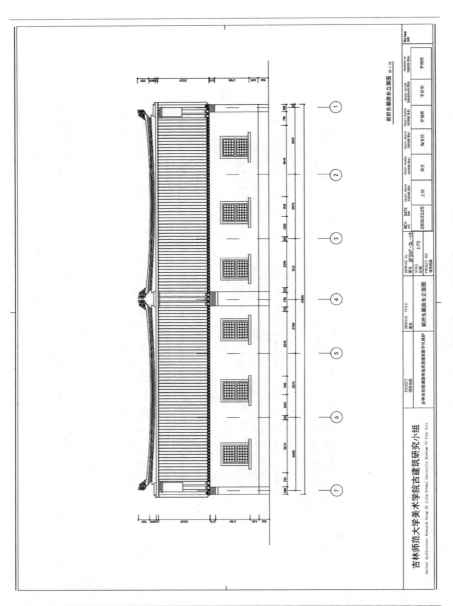

图 4 - 19　"萨府" —东厢房东立面图

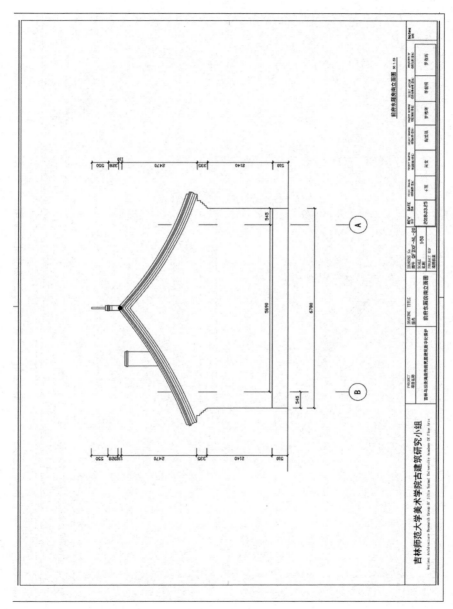

图 4 – 20 "萨府" 一东厢房南立面图

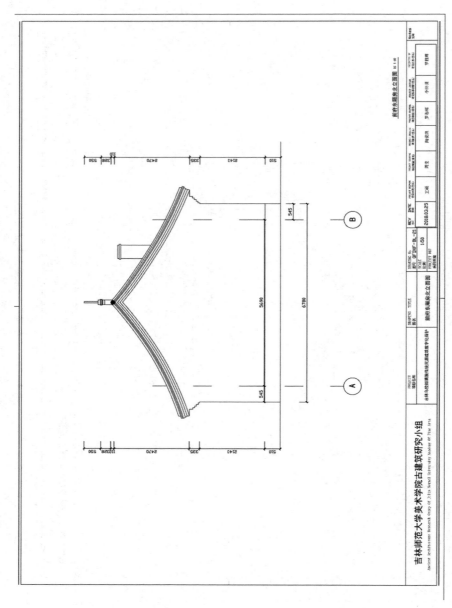

图 4 - 21 "萨府" 一东厢房北立面图

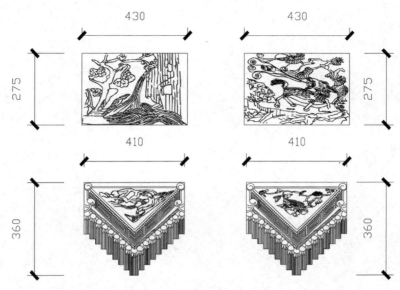

图 4 – 22 "萨府"建筑细部大样 A（单位：毫米）

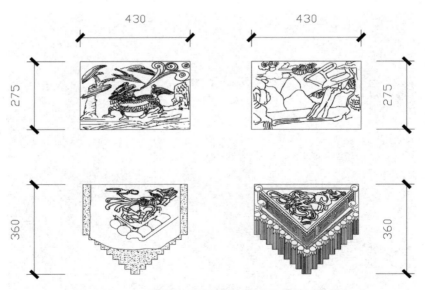

图 4 – 23 "萨府"建筑细部大样 B（单位：毫米）

图 4 - 24　　"萨府"建筑效果 A

图 4 - 25　　"萨府"建筑效果 B

图 4 – 26 "萨府"建筑效果 C

第二节　"后府"

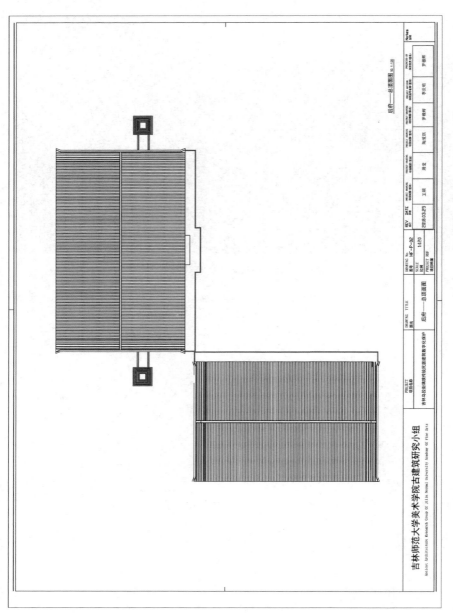

图 4－27　"后府"——总顶面图

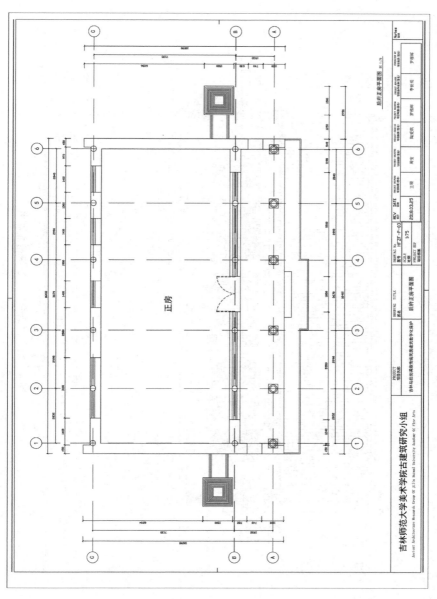

图 4-28　"后府" —正房平面图

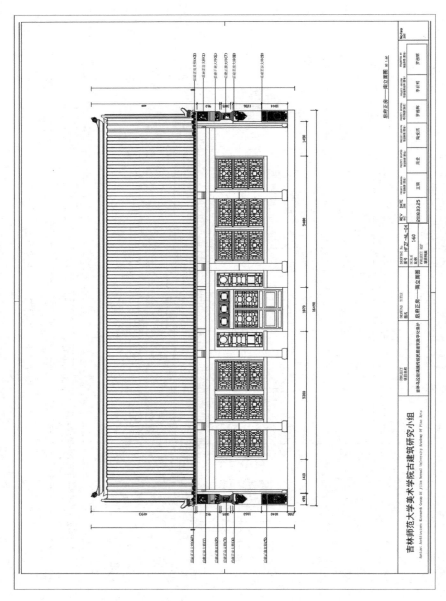

图 4 - 29　"后府" — 正房南立面图

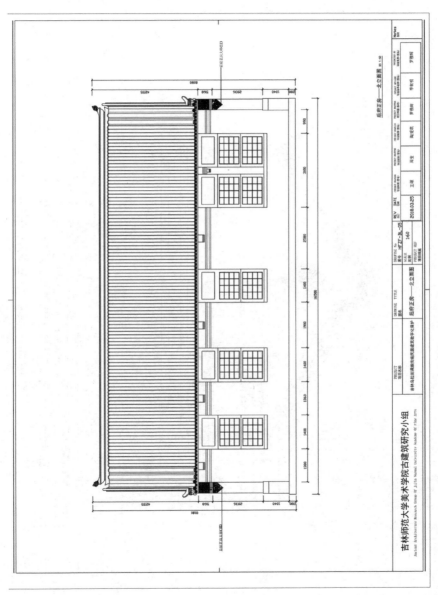

图 4 – 30 "后府" —正房北立面图

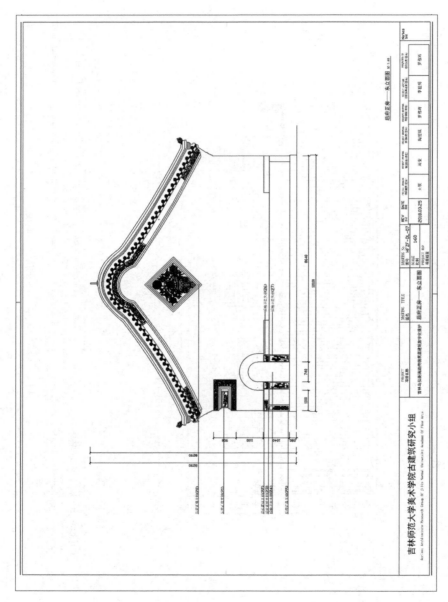

图 4 - 31 "后府"—正房东立面图

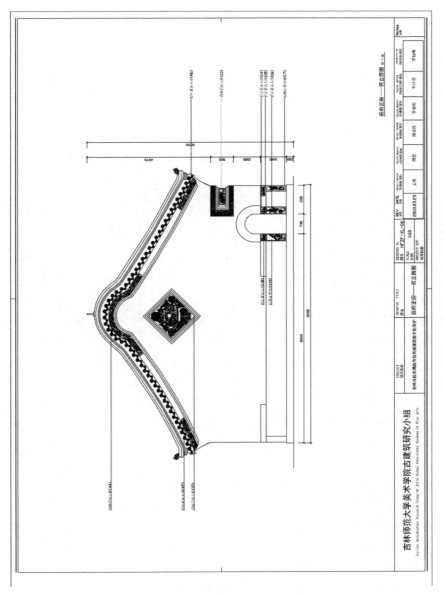

图 4 - 32 "后府" —正房西立面图

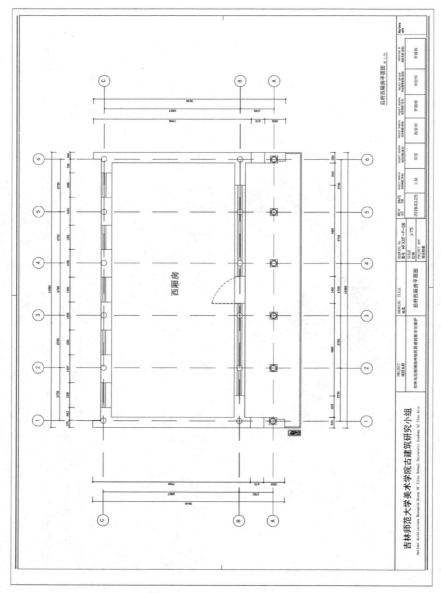

图 4-33 "后府" —西厢房平面图

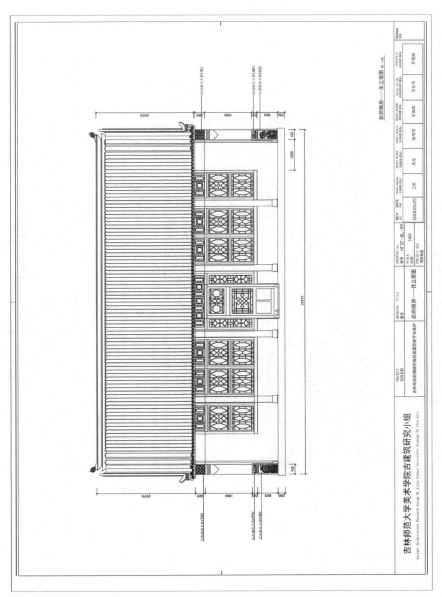

图 4 - 34 "后府" —西厢房东立面图

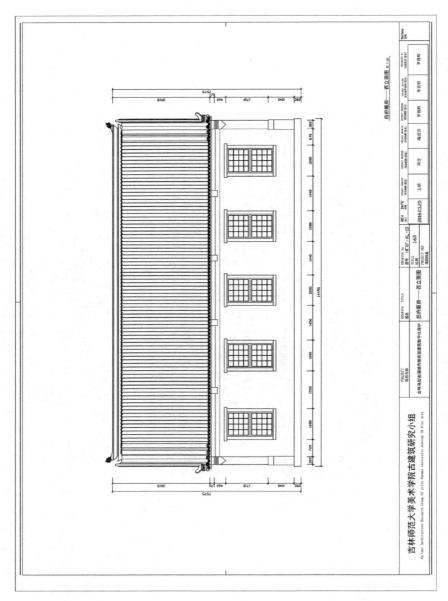

图 4 - 35 "后府"—西厢房西立面图

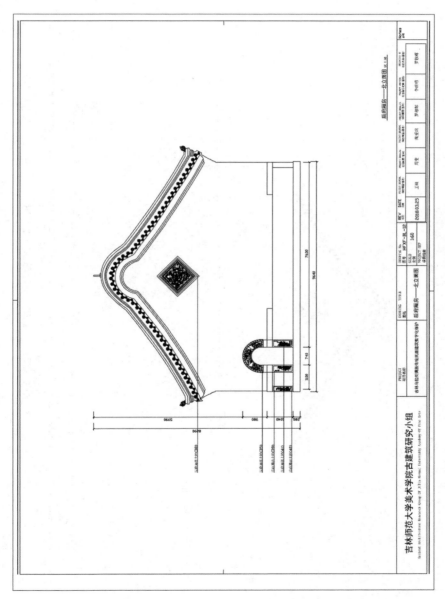

图 4 - 36　"后府" —西厢房北立面图

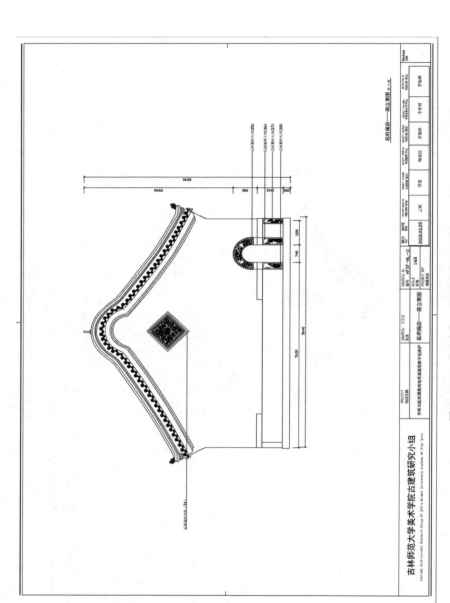

图 4 − 37 "后府"—西厢房南立面图

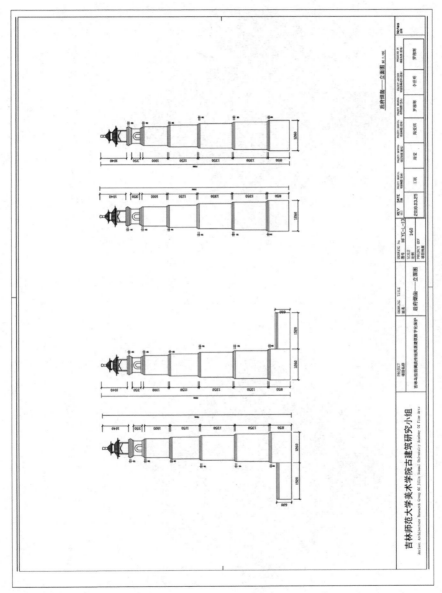

图 4 - 38　"后府" —— "跨海烟囱"立面图

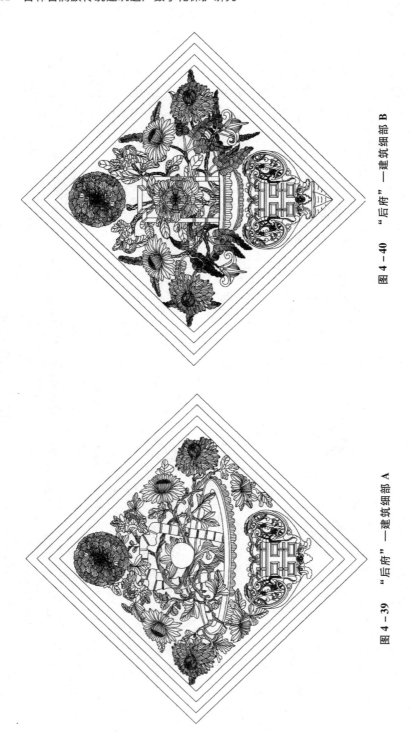

图 4 – 40 "后府" —建筑细部 B

图 4 – 39 "后府" —建筑细部 A

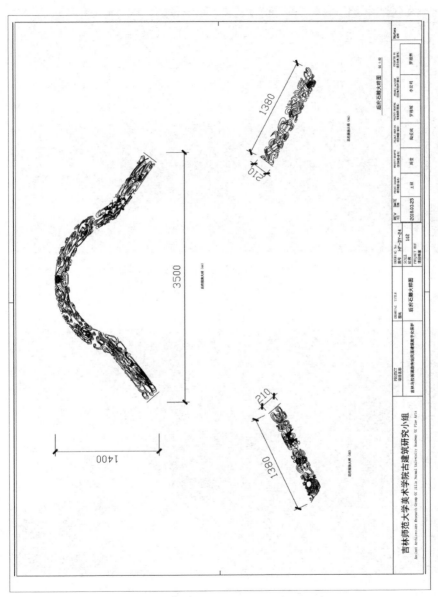

图 4 - 41 "后府" —建筑细部 C

图 4 - 42 "后府"—建筑效果 A

图 4 - 43 "后府"—建筑效果 B

第三节　"魁府"

图 4 - 44　"魁府"

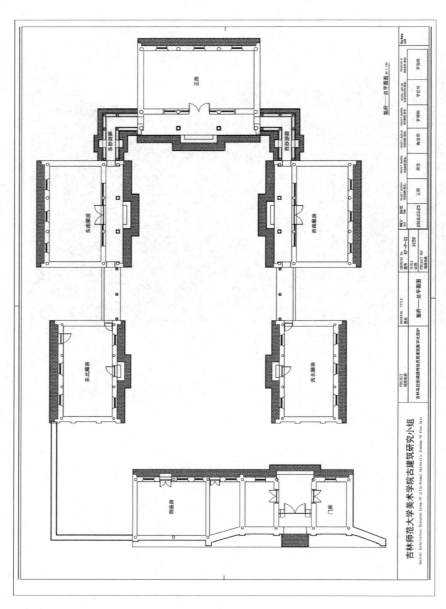

图 4－45　"魁府"—总平面图

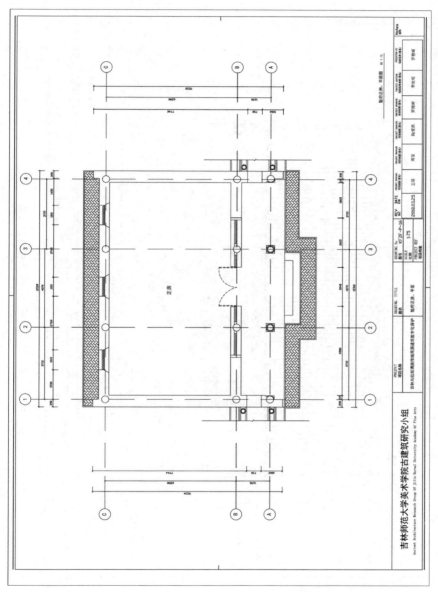

图 4 - 46 "魁府"—正房平面图

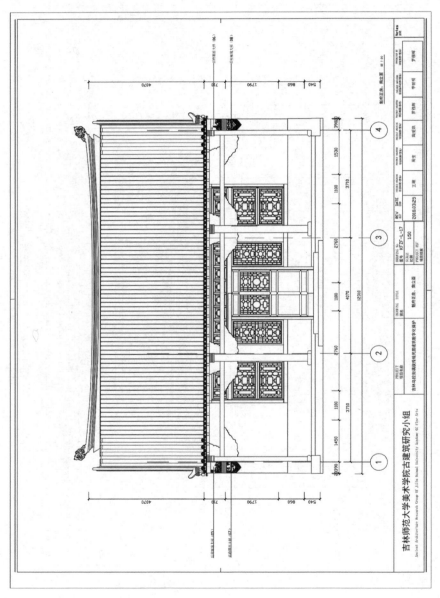

图 4 – 47 "魁府" —正房南立面图

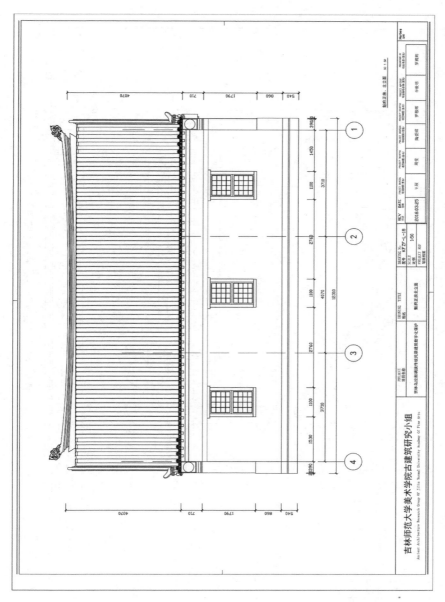

图 4–48 "魁府" —正房北立面图

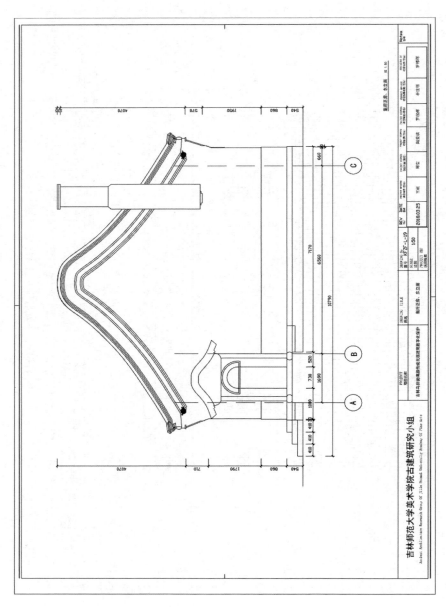

图 4 - 49　"魁府" ——正房东立面图

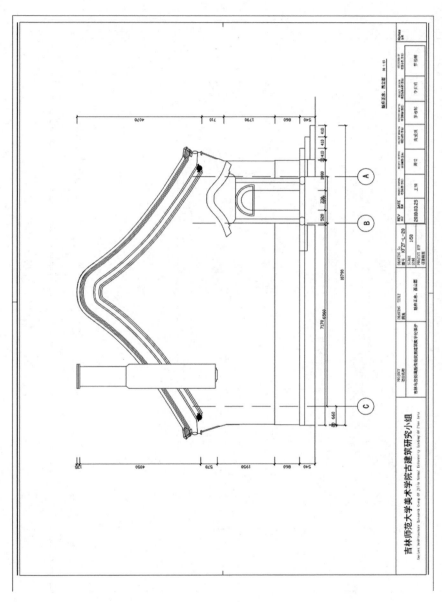

图 4-50 "魁府" —正房西立面图

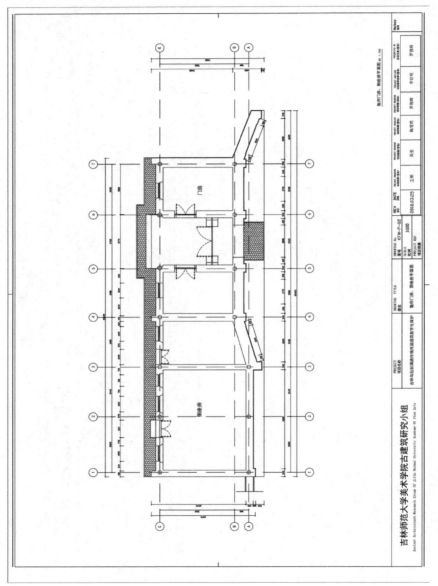

图 4-51 "魁府"一门房平面图

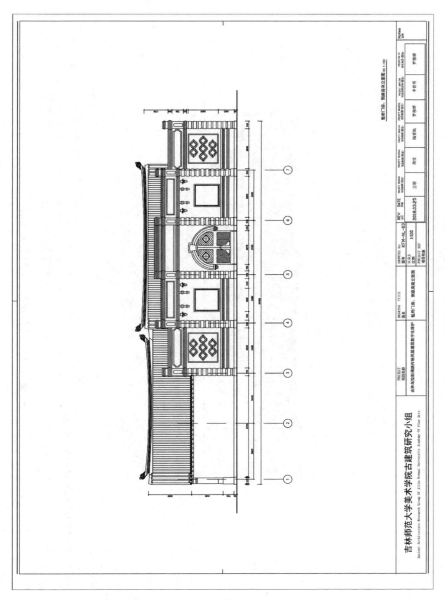

图 4 - 52　"魁府" —门房南立面图

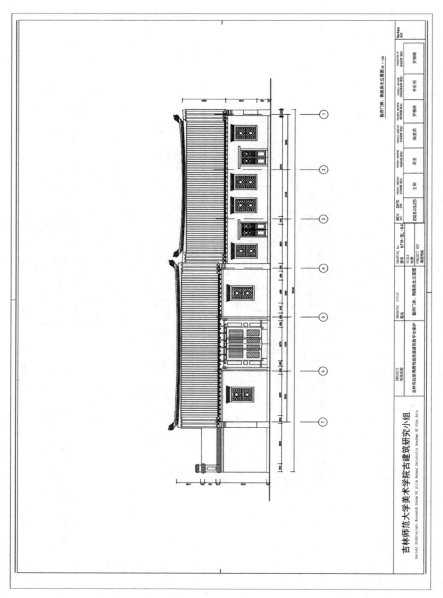

图 4 - 53　"魁府" —门房北立面图

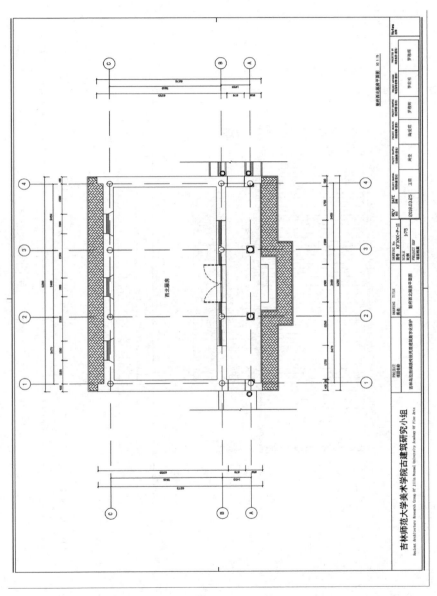

图4－54　"魁府"—西北厢房平面图

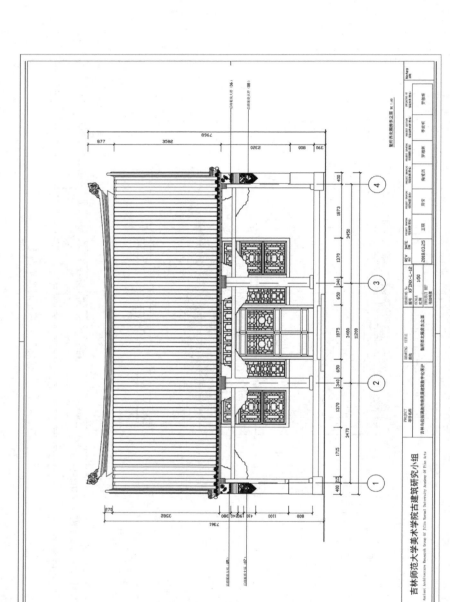

图 4－55 "魁府" ——西北厢房东立面图

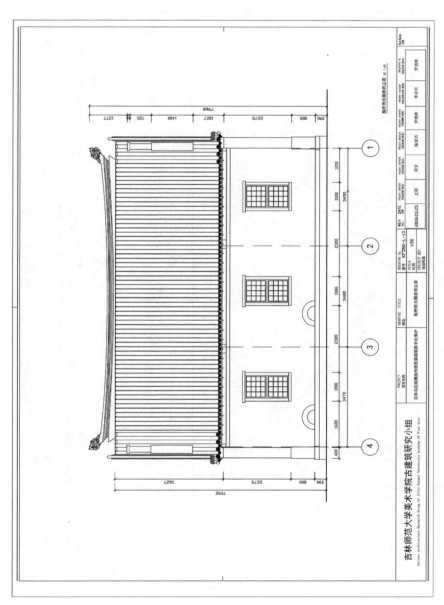

图 4 - 56 "魁府" ——西北厢房西立面图

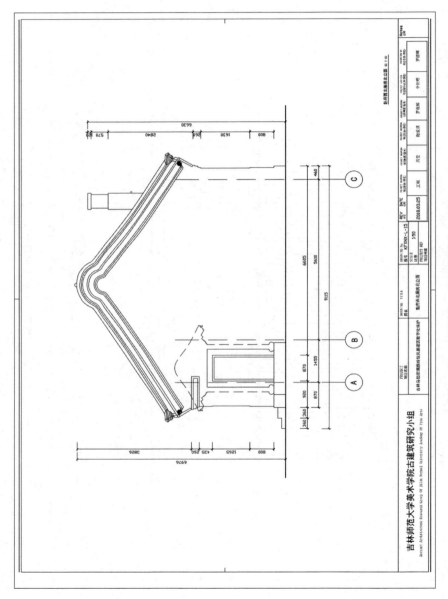

图 4－57 "魁府" —西北厢房北立面图

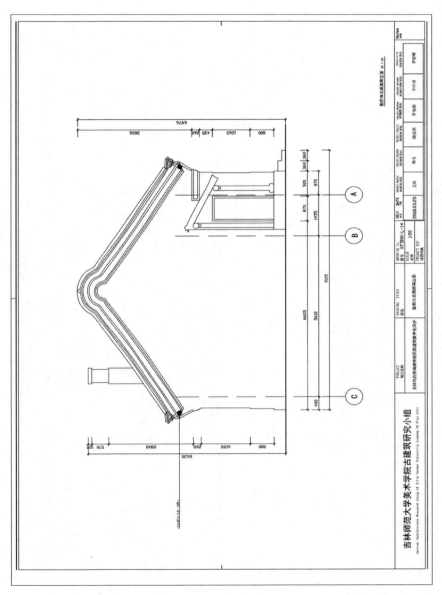

图 4 - 58　"魁府" ——西北厢房南立面图

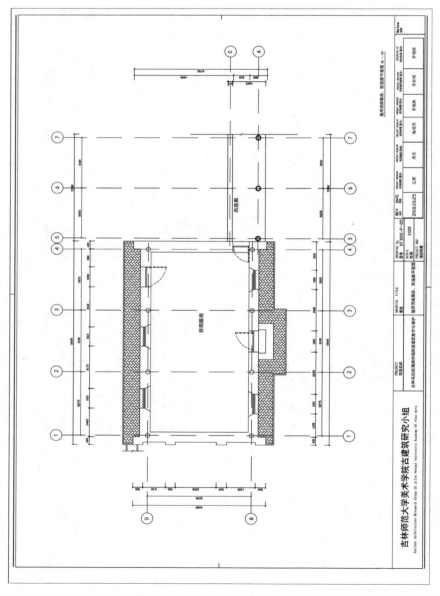

图 4 - 59 "魁府" 一西南厢房平面图

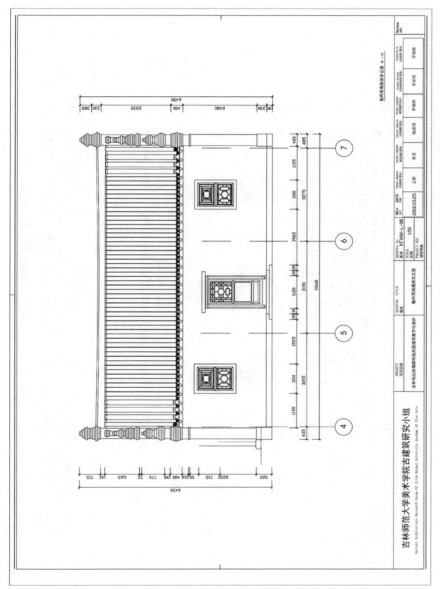

图 4 - 60 "魁府" —西南厢房东立面图

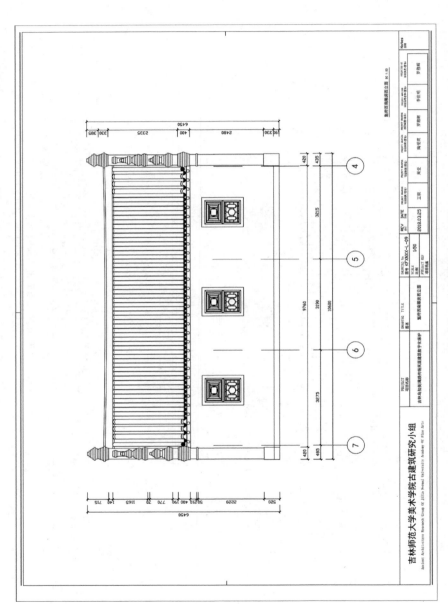

图 4-61　"魁府"—西南厢房西立面图

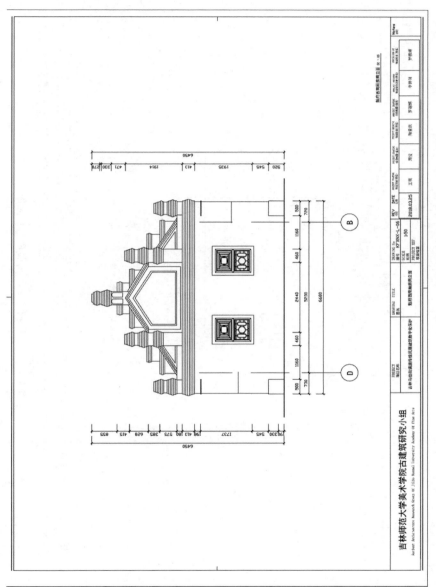

图 4－62　"魁府"—西南厢房南立面图

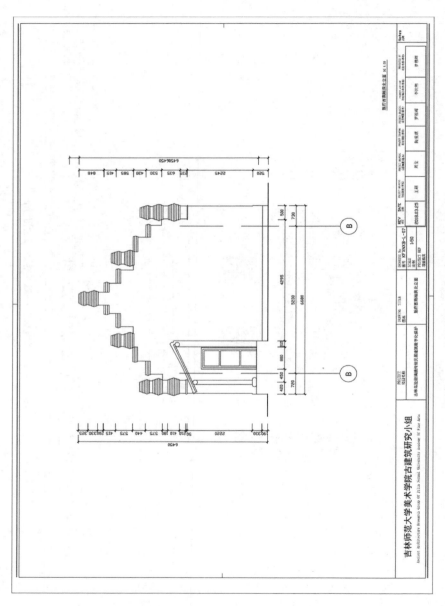

图 4-63 "魁府"——西南厢房北立面图

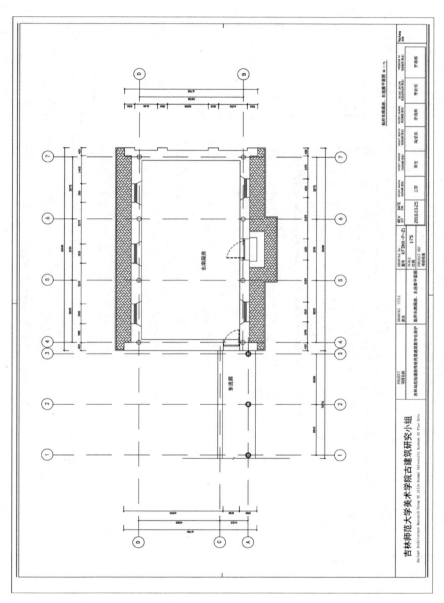

图 4 - 64　"魁府" —东南厢房平面图

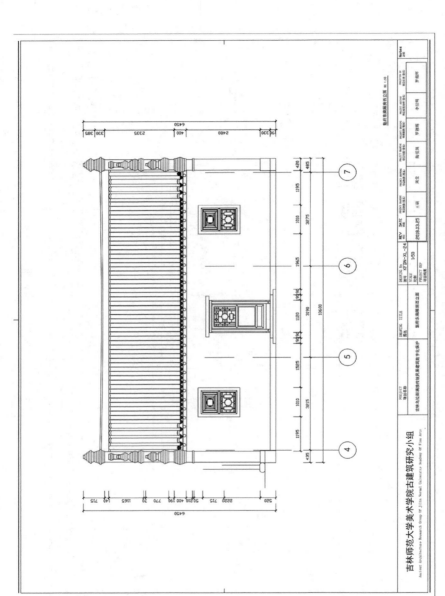

图 4 – 65 "魁府"—东南厢房西立面图

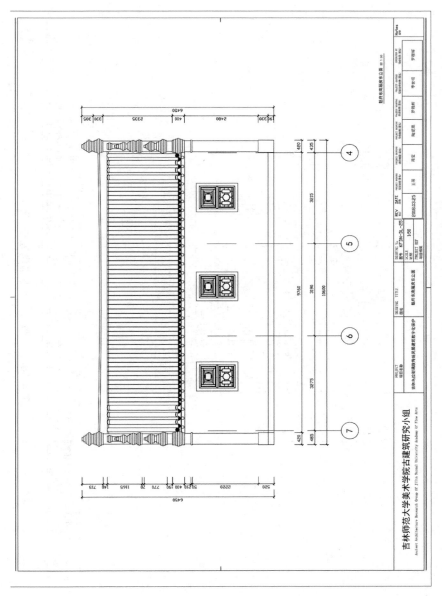

图 4 – 66 "魁府"—东南厢房东立面图

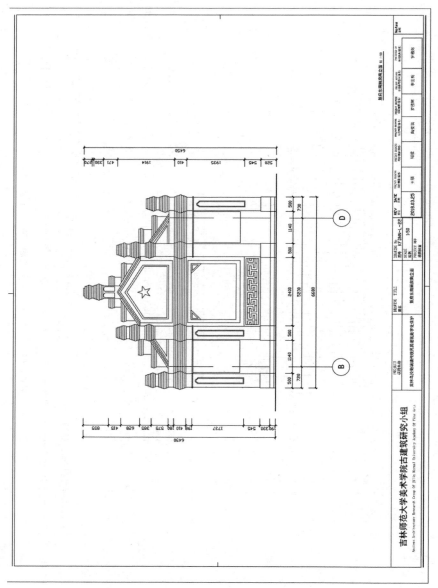

图 4 - 67 "魁府" —东南厢房南立面图

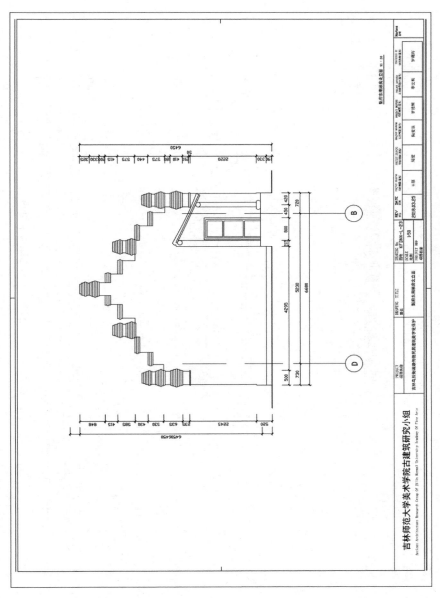

图 4 - 68　"魁府" —东南厢房北立面图

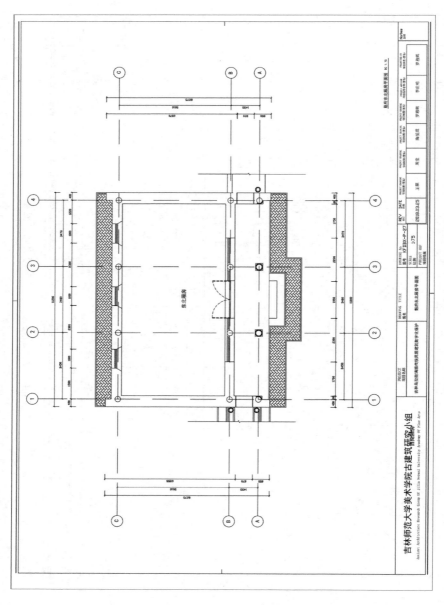

图 4－69 "魁府"—东北厢房平面图

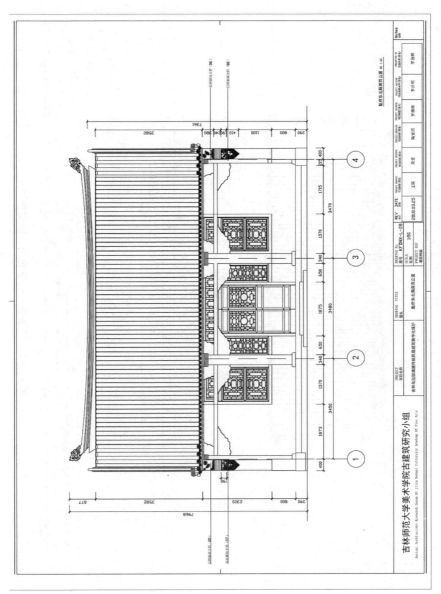

图 4 - 70　"魁府"—东北厢房西立面图

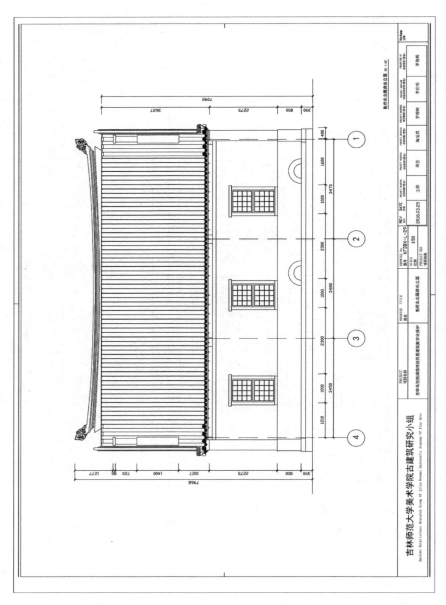

图 4－71 "魁府"—东北厢房东立面图

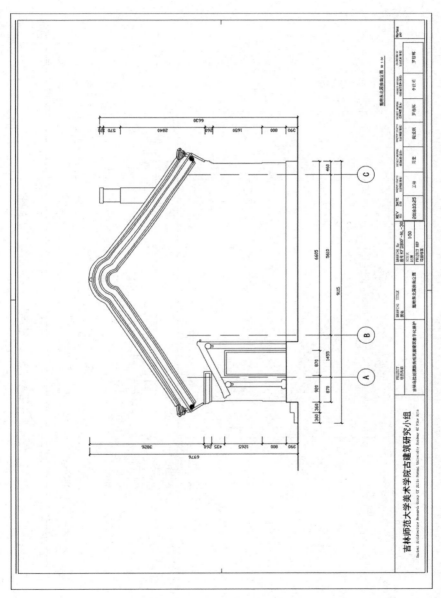

图 4—72 "魁府" —东北厢房南立面图

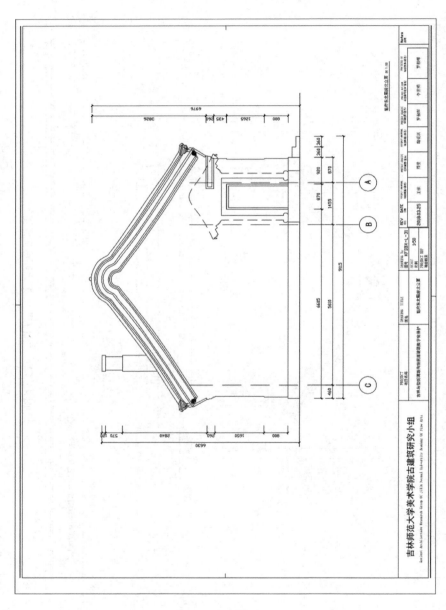

图 4 - 73 "魁府" 一东北厢房北立面图

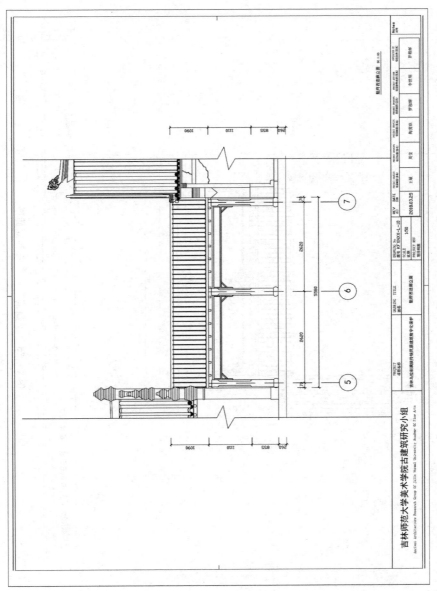

图 4－74　"魁府"——西连廊立面图

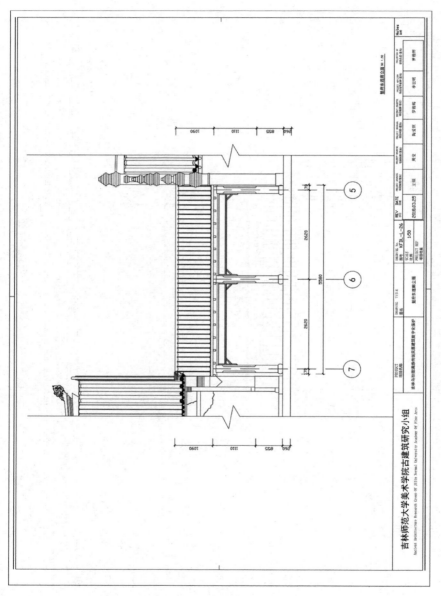

图 4 –75   "魁府" —东连廊立面图

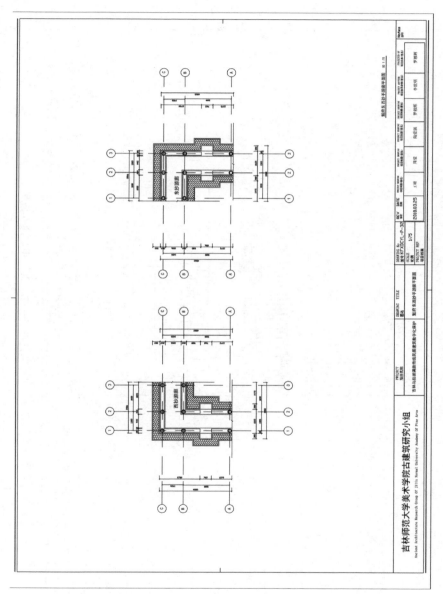

图 4 - 76　"魁府" —东、西抄手游廊平面图

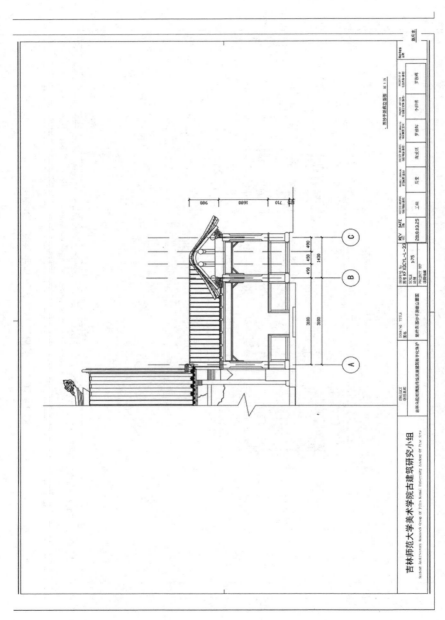

图 4 - 77 "魁府" 一东、西抄手游廊立面图 A

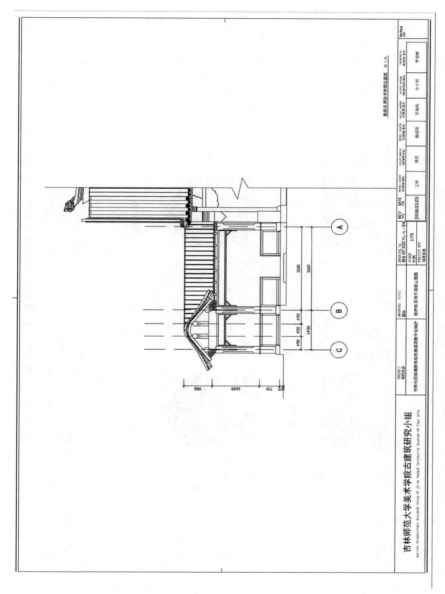

图 4－78　"魁府"—东、西抄手游廊立面图 B

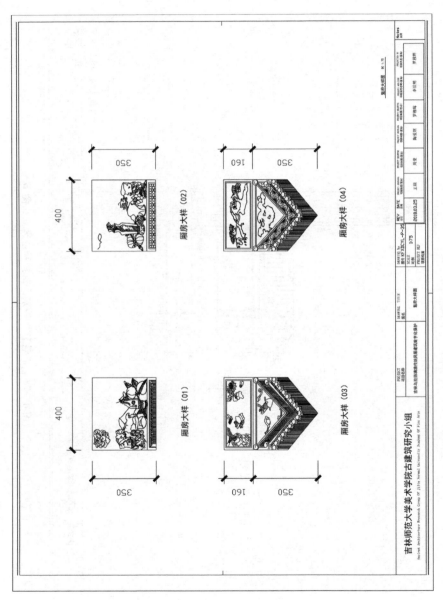

图 4 - 79 "魁府"—建筑细部大样图 A (单位：毫米)

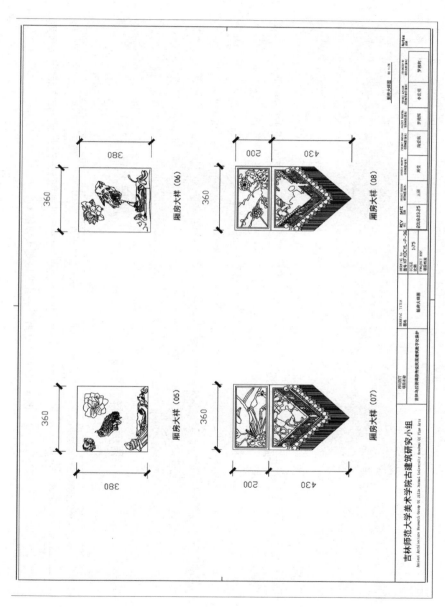

图4-80　"魁府"—建筑细部大样图B（单位：毫米）

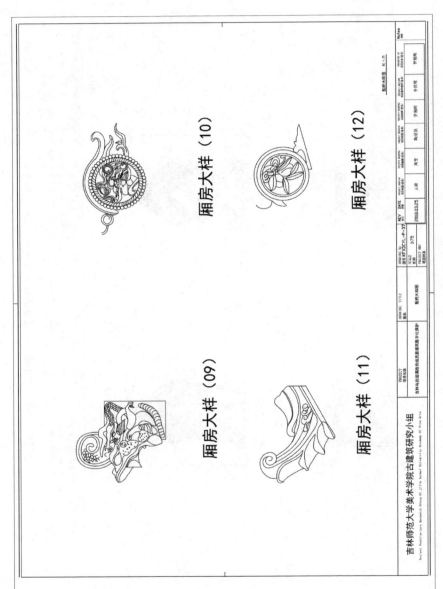

图 4－81　"魁府" —建筑细部大样图 C

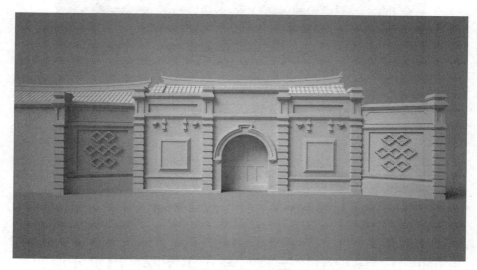

图 4 – 82 "魁府"建筑效果图 A

图 4 – 83 "魁府"建筑效果图 B

图 4 - 84 "魁府"建筑效果图 C

第四节 乌拉街"三府"与布尔图库苏巴尔汗边门衙门遗址建筑图片

一 "萨府"

图 4 - 85 "萨府"建筑 A

图 4-86　"萨府"建筑 B

图 4-87　"萨府"建筑 C

图 4 – 88 "萨府" 建筑 D

图 4 – 89 "萨府" 建筑 E

图 4 – 90 "萨府" 建筑 F

图 4-91　"萨府"建筑 G

图 4-92　"萨府"建筑 H

二　"后府"

图 4-93　"后府"建筑 A

图 4 - 94 "后府" 建筑 B

图 4 - 95 "后府" 建筑 C

图 4 - 96 "后府" 建筑 D

图 4 - 97 "后府" 建筑 E

三　"魁府"

图 4 - 98　"魁府"建筑 A

图 4 - 99　"魁府"建筑 B

图 4-100 "魁府" 建筑 C

图 4-101 "魁府" 建筑 D

图 4 – 102 "魁府"建筑 E

四 布尔图库苏巴尔汗边门衙门遗址

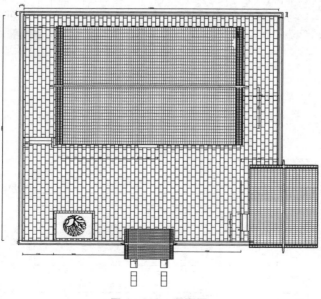

图 4 – 103 顶面图

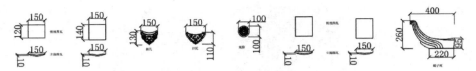

图 4 – 104　构件尺寸（单位：毫米）

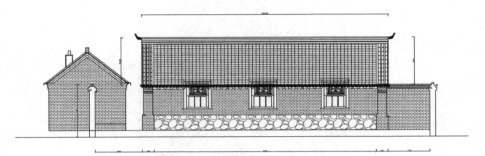

图 4 – 105　正房背立面图

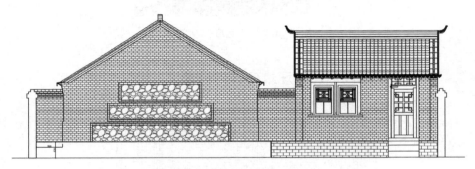

图 4 – 106　兵丁房立面图

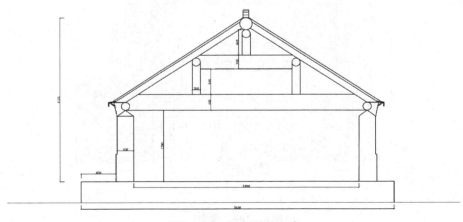

图 4 – 107　梁架结构示意

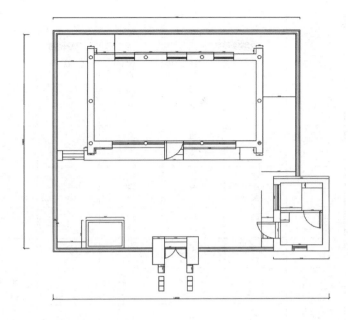

图 4 - 108　总平面图

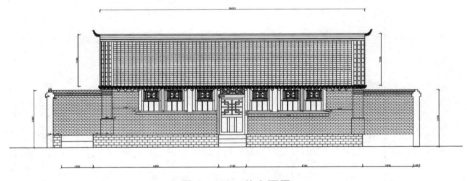

图 4 - 109　总立面图

附　表

图号	单位	项目名称	图名	图号	比例	修订日期	项目制图	项目制图	项目制图	项目指导老师	项目负责	说明
图4－1	吉林师范大学美术学院古建筑研究小组	吉林乌拉街满族传统民居建筑数字化保护	"萨府"—总平面图	QF－P－01	1：150	2018.03.25	王硕	周莹	陶爱琪	罗穆辉	李世明	罗穆辉
图4－2	吉林师范大学美术学院古建筑研究小组	吉林乌拉街满族传统民居建筑数字化保护	"萨府"—正房平面图	QF ZF－P－07	1：75	2018.03.25	王硕	周莹	陶爱琪	罗穆辉	李世明	罗穆辉
图4－3	吉林师范大学美术学院古建筑研究小组	吉林乌拉街满族传统民居建筑数字化保护	"萨府"—正房南立面图	QF ZF－NL－08	1：75	2018.03.25	王硕	周莹	陶爱琪	罗穆辉	李世明	罗穆辉
图4－4	吉林师范大学美术学院古建筑研究小组	吉林乌拉街满族传统民居建筑数字化保护	"萨府"—正房北立面图	QF ZF－BL－09	1：75	2018.03.25	王硕	周莹	陶爱琪	罗穆辉	李世明	罗穆辉
图4－5	吉林师范大学美术学院古建筑研究小组	吉林乌拉街满族传统民居建筑数字化保护	"萨府"—正房西立面图	QF ZF－XL－10	1：50	2018.03.25	王硕	周莹	陶爱琪	罗穆辉	李世明	罗穆辉

续表

图号	单位	项目名称	图名	图号	比例	修订日期	项目制图	项目制图	项目制图	项目制图	项目指导老师	项目负责	说明
图4-6	吉林师范大学美术学院古建筑研究小组	吉林乌拉街满族传统民居建筑数字化保护	"萨府"—正房东立面图	QF ZF-DL-11	1:50	2018.03.25	王硕	周莹	陶爱琪	罗穆辉	李世明	罗穆辉	
图4-7	吉林师范大学美术学院古建筑研究小组	吉林乌拉街满族传统民居建筑数字化保护	"萨府"—门房平面图	QF MF-P-02	1:75	2018.03.25	王硕	周莹	陶爱琪	罗穆辉	李世明	罗穆辉	
图4-8	吉林师范大学美术学院古建筑研究小组	吉林乌拉街满族传统民居建筑数字化保护	"萨府"—门房南立面图	QF MF-NL-03	1:60	2018.03.25	王硕	周莹	陶爱琪	罗穆辉	李世明	罗穆辉	
图4-9	吉林师范大学美术学院古建筑研究小组	吉林乌拉街满族传统民居建筑数字化保护	"萨府"—门房北立面图	QF MF-BL-04	1:60	2018.03.25	王硕	周莹	陶爱琪	罗穆辉	李世明	罗穆辉	
图4-10	吉林师范大学美术学院古建筑研究小组	吉林乌拉街满族传统民居建筑数字化保护	"萨府"—门房西立面图	QF MF-XL-05	1:50	2018.03.25	王硕	周莹	陶爱琪	罗穆辉	李世明	罗穆辉	
图4-11	吉林师范大学美术学院古建筑研究小组	吉林乌拉街满族传统民居建筑数字化保护	"萨府"—门房东立面图	QF MF-DL-06	1:50	2018.03.25	王硕	周莹	陶爱琪	罗穆辉	李世明	罗穆辉	
图4-12	吉林师范大学美术学院古建筑研究小组	吉林乌拉街满族传统民居建筑数字化保护	"萨府"—西厢房平面图	QF XXF-P-12	1:75	2018.03.25	王硕	周莹	陶爱琪	罗穆辉	李世明	罗穆辉	

266 吉林省满族传统建筑遗产数字化保护研究

续表

图号	单位	项目名称	图名	图号	比例	修订日期	项目制图	项目制图	项目制图	项目指导老师	项目负责	说明
图4-13	吉林师范大学美术学院古建筑研究小组	吉林乌拉街满族传统民居建筑数字化保护	"萨府"西厢房东立面图	QF ZF-NF-08	1:75	2018.03.25	王硕	周莹	陶爱琪	罗穆辉	李世明	罗穆辉	
图4-14	吉林师范大学美术学院古建筑研究小组	吉林乌拉街满族传统民居建筑数字化保护	"萨府"西厢房西立面图	QF ZF-BL-09	1:75	2018.03.25	王硕	周莹	陶爱琪	罗穆辉	李世明	罗穆辉	
图4-15	吉林师范大学美术学院古建筑研究小组	吉林乌拉街满族传统民居建筑数字化保护	"萨府"西厢房南立面图	QF XXF-P-15	1:50	2018.03.25	王硕	周莹	陶爱琪	罗穆辉	李世明	罗穆辉	
图4-16	吉林师范大学美术学院古建筑研究小组	吉林乌拉街满族传统民居建筑数字化保护	"萨府"西厢房北立面图	QF DXF-BL-21	1:50	2018.03.25	王硕	周莹	陶爱琪	罗穆辉	李世明	罗穆辉	
图4-17	吉林师范大学美术学院古建筑研究小组	吉林乌拉街满族传统民居建筑数字化保护	"萨府"东厢房平面图	QF DXF-P-17	1:75	2018.03.25	王硕	周莹	陶爱琪	罗穆辉	李世明	罗穆辉	
图4-18	吉林师范大学美术学院古建筑研究小组	吉林乌拉街满族传统民居建筑数字化保护	"萨府"东厢房西立面图	QF DXF-XL-18	1:75	2018.03.25	王硕	周莹	陶爱琪	罗穆辉	李世明	罗穆辉	
图4-19	吉林师范大学美术学院古建筑研究小组	吉林乌拉街满族传统民居建筑数字化保护	"萨府"东厢房东立面图	QF DXF-DL-19	1:75	2018.03.25	王硕	周莹	陶爱琪	罗穆辉	李世明	罗穆辉	

续表

图号	单位	项目名称	图名	图号	比例	修订日期	项目制图	项目制图	项目制图	项目制图	项目指导老师	项目负责	说明
图 4－20	吉林师范大学美术学院古建筑研究小组	吉林乌拉街满族传统民居建筑数字化保护	"萨府"—东厢房南立面图	QF DXF－NL－20	1∶50	2018.03.25	王硕	周莹	陶爱琪	罗穆辉	李世明	罗穆辉	
图 4－21	吉林师范大学美术学院古建筑研究小组	吉林乌拉街满族传统民居建筑数字化保护	"萨府"—东厢房北立面图	QF DXF－BL－21	1∶50	2018.03.25	王硕	周莹	陶爱琪	罗穆辉	李世明	罗穆辉	
图 4－27	吉林师范大学美术学院古建筑研究小组	吉林乌拉街满族传统民居建筑数字化保护	"后府"—总顶面图	HF－P－02	1∶120	2018.03.25	王硕	周莹	陶爱琪	罗穆辉	李世明	罗穆辉	
图 4－28	吉林师范大学美术学院古建筑研究小组	吉林乌拉街满族传统民居建筑数字化保护	"后府"—正房平面图	HF ZF－P－03	1∶75	2018.03.25	王硕	周莹	陶爱琪	罗穆辉	李世明	罗穆辉	
图 4－29	吉林师范大学美术学院古建筑研究小组	吉林乌拉街满族传统民居建筑数字化保护	"后府"—正房正立面图	HF ZF－NL－04	1∶60	2018.03.25	王硕	周莹	陶爱琪	罗穆辉	李世明	罗穆辉	
图 4－30	吉林师范大学美术学院古建筑研究小组	吉林乌拉街满族传统民居建筑数字化保护	"后府"—正房北立面图	HF ZF－BL－05	1∶60	2018.03.25	王硕	周莹	陶爱琪	罗穆辉	李世明	罗穆辉	
图 4－31	吉林师范大学美术学院古建筑研究小组	吉林乌拉街满族传统民居建筑数字化保护	"后府"—正房东立面图	HF ZF－DL－07	1∶60	2018.03.25	王硕	周莹	陶爱琪	罗穆辉	李世明	罗穆辉	

续表

图号	单位	项目名称	图名	图号	比例	修订日期	项目制图	项目制图	项目制图	项目制图	项目指导老师	项目负责	说明
图4-32	吉林师范大学美术学院古建筑研究小组	吉林乌拉街满族传统民居建筑数字化保护	"后府"—正房西立面图	HF ZF-XL-06	1:60	2018.03.25	王硕	周莹	陶爱琪	罗穆辉	李世明	罗穆辉	
图4-33	吉林师范大学美术学院古建筑研究小组	吉林乌拉街满族传统民居建筑数字化保护	"后府"—西厢房平面图	HF XXF-P-08	1:75	2018.03.25	王硕	周莹	陶爱琪	罗穆辉	李世明	罗穆辉	
图4-34	吉林师范大学美术学院古建筑研究小组	吉林乌拉街满族传统民居建筑数字化保护	"后府"—西厢房东立面图	HF XF-DL-09	1:60	2018.03.25	王硕	周莹	陶爱琪	罗穆辉	李世明	罗穆辉	
图4-35	吉林师范大学美术学院古建筑研究小组	吉林乌拉街满族传统民居建筑数字化保护	"后府"—西厢房西立面图	HF XF-XL-10	1:60	2018.03.25	王硕	周莹	陶爱琪	罗穆辉	李世明	罗穆辉	
图4-36	吉林师范大学美术学院古建筑研究小组	吉林乌拉街满族传统民居建筑数字化保护	"后府"—西厢房北立面图	HF XF-BL-12	1:60	2018.03.25	王硕	周莹	陶爱琪	罗穆辉	李世明	罗穆辉	
图4-37	吉林师范大学美术学院古建筑研究小组	吉林乌拉街满族传统民居建筑数字化保护	"后府"—西厢房南立面图	HF XF-NL-11	1:60	2018.03.25	王硕	周莹	陶爱琪	罗穆辉	李世明	罗穆辉	
图4-38	吉林师范大学美术学院古建筑研究小组	吉林乌拉街满族传统民居建筑数字化保护	"后府"—"跨海烟囱"立面图	HF YC-L-13	1:60	2018.03.25	王硕	周莹	陶爱琪	罗穆辉	李世明	罗穆辉	

续表

图号	单位	项目名称	图名	图号	比例	修订日期	项目制图	项目制图	项目制图	项目制图	项目指导老师	项目负责	说明
图4-41	吉林师范大学美术学院古建筑研究小组	吉林乌拉街满族传统民居建筑数字化保护	"后府"—建筑细部C	HF-DY-24	1:12	2018.03.25	王硕	周莹	陶爱琪	罗穆辉	李世明	罗穆辉	
图4-45	吉林师范大学美术学院古建筑研究小组	吉林乌拉街满族传统民居建筑数字化保护	"魁府"—总平面图	KF-P-01	1:150	2018.03.25	王硕	周莹	陶爱琪	罗穆辉	李世明	罗穆辉	
图4-46	吉林师范大学美术学院古建筑研究小组	吉林乌拉街满族传统民居建筑数字化保护	"魁府"—正房平面图	KF ZF-P-16	1:75	2018.03.25	王硕	周莹	陶爱琪	罗穆辉	李世明	罗穆辉	
图4-47	吉林师范大学美术学院古建筑研究小组	吉林乌拉街满族传统民居建筑数字化保护	"魁府"—正房南立面图	KF ZF-L-17	1:50	2018.03.25	王硕	周莹	陶爱琪	罗穆辉	李世明	罗穆辉	
图4-48	吉林师范大学美术学院古建筑研究小组	吉林乌拉街满族传统民居建筑数字化保护	"魁府"—正房北立面图	KF ZF-L-18	1:50	2018.03.25	王硕	周莹	陶爱琪	罗穆辉	李世明	罗穆辉	
图4-49	吉林师范大学美术学院古建筑研究小组	吉林乌拉街满族传统民居建筑数字化保护	"魁府"—正房东立面图	KF ZF-L-19	1:50	2018.03.25	王硕	周莹	陶爱琪	罗穆辉	李世明	罗穆辉	
图4-50	吉林师范大学美术学院古建筑研究小组	吉林乌拉街满族传统民居建筑数字化保护	"魁府"—正房西立面图	KF ZF-L-20	1:50	2018.03.25	王硕	周莹	陶爱琪	罗穆辉	李世明	罗穆辉	

续表

图号	单位	项目名称	图名	图号	比例	修订日期	项目制图	项目制图	项目制图	项目制图	项目指导老师	项目负责	说明
图4-51	吉林师范大学美术学院古建筑数字化保护研究小组	吉林乌拉街满族传统民居建筑数字化保护	"魁府"—门房平面图	KF M-P-02	1:100	2018.03.25	王硕	周莹	陶爱琪	罗穆辉	李世明	罗穆辉	
图4-52	吉林师范大学美术学院古建筑数字化保护研究小组	吉林乌拉街满族传统民居建筑数字化保护	"魁府"—门房南立面图	KF M-NL-03	1:100	2018.03.25	王硕	周莹	陶爱琪	罗穆辉	李世明	罗穆辉	
图4-53	吉林师范大学美术学院古建筑数字化保护研究小组	吉林乌拉街满族传统民居建筑数字化保护	"魁府"—门房北立面图	KF M-BL-04		2018.03.25	王硕	周莹	陶爱琪	罗穆辉	李世明	罗穆辉	
图4-54	吉林师范大学美术学院古建筑数字化保护研究小组	吉林乌拉街满族传统民居建筑数字化保护	"魁府"西北厢房平面图	KF XNX-P-11	1:75	2018.03.25	王硕	周莹	陶爱琪	罗穆辉	李世明	罗穆辉	
图4-55	吉林师范大学美术学院古建筑数字化保护研究小组	吉林乌拉街满族传统民居建筑数字化保护	"魁府"西北厢房东立面图	KF DNX-L-12	1:50	2018.03.25	王硕	周莹	陶爱琪	罗穆辉	李世明	罗穆辉	
图4-56	吉林师范大学美术学院古建筑数字化保护研究小组	吉林乌拉街满族传统民居建筑数字化保护	"魁府"西北厢房西立面图	KF DNX-L-13	1:50	2018.03.25	王硕	周莹	陶爱琪	罗穆辉	李世明	罗穆辉	
图4-57	吉林师范大学美术学院古建筑数字化保护研究小组	吉林乌拉街满族传统民居建筑数字化保护	"魁府"西北厢房北立面图	KF XNX-L-15	1:50	2018.03.25	王硕	周莹	陶爱琪	罗穆辉	李世明	罗穆辉	

续表

图号	单位	项目名称	图名	图号	比例	修订日期	项目制图	项目制图	项目制图	项目制图	项目指导老师	项目负责	说明
图4-58	吉林师范大学美术学院古建筑研究小组	吉林乌拉街满族传统民居建筑数字化保护	"魁府"—西北厢房南立面图	KF DNX-L-14	1:50	2018.03.25	王硕	周莹	陶爱琪	罗穆辉	李世明	罗穆辉	
图4-59	吉林师范大学美术学院古建筑研究小组	吉林乌拉街满族传统民居建筑数字化保护	"魁府"—西南厢房平面图	KF XNX-P-05	1:100	2018.03.25	王硕	周莹	陶爱琪	罗穆辉	李世明	罗穆辉	
图4-60	吉林师范大学美术学院古建筑研究小组	吉林乌拉街满族传统民居建筑数字化保护	"魁府"—西南厢房东立面图	KF XNX-L-08	1:50	2018.03.25	王硕	周莹	陶爱琪	罗穆辉	李世明	罗穆辉	
图4-61	吉林师范大学美术学院古建筑研究小组	吉林乌拉街满族传统民居建筑数字化保护	"魁府"—西南厢房西立面图	KF XNXX-L-09	1:50	2018.03.25	王硕	周莹	陶爱琪	罗穆辉	李世明	罗穆辉	
图4-62	吉林师范大学美术学院古建筑研究小组	吉林乌拉街满族传统民居建筑数字化保护	"魁府"—西南厢房南立面图	KF XNX-L-06	1:50	2018.03.25	王硕	周莹	陶爱琪	罗穆辉	李世明	罗穆辉	
图4-63	吉林师范大学美术学院古建筑研究小组	吉林乌拉街满族传统民居建筑数字化保护	"魁府"—西南厢房北立面图	KF XNXB-L-07	1:50	2018.03.25	王硕	周莹	陶爱琪	罗穆辉	李世明	罗穆辉	
图4-64	吉林师范大学美术学院古建筑研究小组	吉林乌拉街满族传统民居建筑数字化保护	"魁府"—东南厢房平面图	KF DNX-P-21	1:75	2018.03.25	王硕	周莹	陶爱琪	罗穆辉	李世明	罗穆辉	

续表

图号	单位	项目名称	图名	图号	比例	修订日期	项目制图	项目制图	项目制图	项目制图	项目指导老师	项目负责	说明
图4-65	吉林师范大学美术学院古建筑研究小组	吉林乌拉街满族传统民居建筑数字化保护	"魁府"—东南厢房西立面图	KF DN-XL-24	1:50	2018.03.25	王硕	周莹	陶爱琪	罗穆辉	李世明	罗穆辉	
图4-66	吉林师范大学美术学院古建筑研究小组	吉林乌拉街满族传统民居建筑数字化保护	"魁府"—东南厢房东立面图	KF DN-DL-25	1:50	2018.03.25	王硕	周莹	陶爱琪	罗穆辉	李世明	罗穆辉	
图4-67	吉林师范大学美术学院古建筑研究小组	吉林乌拉街满族传统民居建筑数字化保护	"魁府"—东南厢房南立面图	KF DNN-L-22	1:50	2018.03.25	王硕	周莹	陶爱琪	罗穆辉	李世明	罗穆辉	
图4-68	吉林师范大学美术学院古建筑研究小组	吉林乌拉街满族传统民居建筑数字化保护	"魁府"—东南厢房北立面图	KF DNX-L-23	1:50	2018.03.25	王硕	周莹	陶爱琪	罗穆辉	李世明	罗穆辉	
图4-69	吉林师范大学美术学院古建筑研究小组	吉林乌拉街满族传统民居建筑数字化保护	"魁府"—东北厢房平面图	KF DBX-P-27	1:75	2018.03.25	王硕	周莹	陶爱琪	罗穆辉	李世明	罗穆辉	
图4-70	吉林师范大学美术学院古建筑研究小组	吉林乌拉街满族传统民居建筑数字化保护	"魁府"—东北厢房西立面图	KF DNX-L-28	1:50	2018.03.25	王硕	周莹	陶爱琪	罗穆辉	李世明	罗穆辉	
图4-71	吉林师范大学美术学院古建筑研究小组	吉林乌拉街满族传统民居建筑数字化保护	"魁府"—东北厢房东立面图	KF DBX-L-29	1:50	2018.03.25	王硕	周莹	陶爱琪	罗穆辉	李世明	罗穆辉	

续表

图号	单位	项目名称	图名	图号	比例	修订日期	项目制图	项目制图	项目制图	项目制图	项目指导老师	项目负责	说明
图 4-72	吉林师范大学美术学院古建筑研究小组	吉林乌拉街满族传统民居建筑数字化保护	"魁府"——东北厢房南立面图	KF DBXF-NL-30	1:50	2018.03.25	王硕	周莹	陶爱琪	罗穆辉	李世明	罗穆辉	
图 4-73	吉林师范大学美术学院古建筑研究小组	吉林乌拉街满族传统民居建筑数字化保护	"魁府"——东北厢房北立面图	KF DBX-L-31	1:50	2018.03.25	王硕	周莹	陶爱琪	罗穆辉	李世明	罗穆辉	
图 4-74	吉林师范大学美术学院古建筑研究小组	吉林乌拉街满族传统民居建筑数字化保护	"魁府"——西连廊立面图	KF XNXX-L-10	1:50	2018.03.25	王硕	周莹	陶爱琪	罗穆辉	李世明	罗穆辉	
图 4-75	吉林师范大学美术学院古建筑研究小组	吉林乌拉街满族传统民居建筑数字化保护	"魁府"——东连廊立面图	KF DL-L-26	1:50	2018.03.25	王硕	周莹	陶爱琪	罗穆辉	李世明	罗穆辉	
图 4-76	吉林师范大学美术学院古建筑研究小组	吉林乌拉街满族传统民居建筑数字化保护	"魁府"——东、西抄手游廊平面图	KF XDCYL-P-32	1:75	2018.03.25	王硕	周莹	陶爱琪	罗穆辉	李世明	罗穆辉	
图 4-77	吉林师范大学美术学院古建筑研究小组	吉林乌拉街满族传统民居建筑数字化保护	"魁府"——东、西抄手游廊立面图 A	KF XDCYL-L-33	1:75	2018.03.25	王硕	周莹	陶爱琪	罗穆辉	李世明	罗穆辉	
图 4-78	吉林师范大学美术学院古建筑研究小组	吉林乌拉街满族传统民居建筑数字化保护	"魁府"——东、西抄手游廊立面图 B	KF XDCYL-L-34	1:75	2018.03.25	王硕	周莹	陶爱琪	罗穆辉	李世明	罗穆辉	

续表

图号	单位	项目名称	图名	图号	比例	修订日期	项目制图	项目制图	项目制图	项目制图	项目指导老师	项目负责	说明
图4-79	吉林师范大学美术学院古建筑研究小组	吉林乌拉街满族传统民居建筑数字化保护	"魁府"—建筑细部大样图A	KF XDCYL-P-35	1:75	2018.03.25	王硕	周莹	陶爱琪	罗穆辉	李世明	罗穆辉	
图4-80	吉林师范大学美术学院古建筑研究小组	吉林乌拉街满族传统民居建筑数字化保护	"魁府"—建筑细部大样图B	KF XDCYL-P-36	1:75	2018.03.25	王硕	周莹	陶爱琪	罗穆辉	李世明	罗穆辉	
图4-81	吉林师范大学美术学院古建筑研究小组	吉林乌拉街满族传统民居建筑数字化保护	"魁府"—建筑细部大样图C	KF XDCYL-P-37	1:75	2018.03.25	王硕	周莹	陶爱琪	罗穆辉	李世明	罗穆辉	

图书在版编目（CIP）数据

吉林省满族传统建筑遗产数字化保护研究／李世明，
单永新，李斌著 . -- 北京：社会科学文献出版社，
2024.10

ISBN 978 - 7 - 5228 - 3533 - 4

Ⅰ.①吉… Ⅱ.①李… ②单… ③李… Ⅲ.①x 满族
－建筑－文化遗产－保护－数字化－研究－吉林 Ⅳ.
①TU - 87

中国国家版本馆 CIP 数据核字（2024）第 080077 号

吉林省满族传统建筑遗产数字化保护研究

著　　者／李世明　单永新　李　斌

出 版 人／冀祥德
责任编辑／王玉敏
责任印制／王京美

出　　版／社会科学文献出版社·马克思主义分社（010）59367126
　　　　　地址：北京市北三环中路甲 29 号院华龙大厦　邮编：100029
　　　　　网址：www. ssap. com. cn
发　　行／社会科学文献出版社（010）59367028
印　　装／三河市龙林印务有限公司

规　　格／开 本：787mm × 1092mm　1/16
　　　　　印 张：17.75　字 数：262 千字
版　　次／2024 年 10 月第 1 版　2024 年 10 月第 1 次印刷
书　　号／ISBN 978 - 7 - 5228 - 3533 - 4
定　　价／89.00 元

读者服务电话：4008918866